商店叢書⑧

商店診斷授課講堂

劉志峰　　黃憲仁　　林宇青　/　編著

憲業企管顧問有限公司　　發行

《商店診斷授課講堂》

序 言

　　企業經營像人體一般，不但在治療疾病前須先詳加診斷，就是平時為了企業能持續成長，也該隨時作全面的檢查，以求企業體的保健。

　　商店顧問師接受企業委託對商店經營加以診斷輔導，顧問師並提練出成功精髓，本書就是三位商店經營顧問師的成功精髓，目的在於幫助商店相關從業者，通過技能、技巧、理念、意識的培訓，達到自我提昇，解決商店銷售過程中令人困惑的問題，是一部真正以解決問題、提昇商店業績的實戰寶典。

　　Internet 不能讓二流產品變一流，很多實體店經營者認為，所謂 Internet 思維就是將產品、服務搬到線上去銷售，去開個網店，讓消費者在網上也能找到自己，這樣就做到了 O2O 的跨越·實踐了 Internet 思維，其實這是不正確的。將銷售搬到線下，只是實體店擁抱 Internet 的第一步，還要配合以完善的線上線下銜接、全程無痛點的消費體驗，表現出商品優越性。

相對於電商而言，實體店最大的優勢在於「體驗」和「服務」，這些本來是實體店的優勢，但反觀實體店，用戶體驗做得還沒有網路電商到位，這才讓實體店陷入尷尬的境地。

轉化率意味著客戶進入運營者的電商銷售平臺後，完成的購買行為。對於電商運營者來說，如何有較高的轉化率無疑是一種理想的狀況，是他們所希望達到的效果，要想實現盈利目標，就需要提高轉化率。

在未來，實體店要生存，就要用 Internet 思維進行自我優化，圍繞「專業、體驗、服務」三要素，加強自身優勢的用戶體驗。

本書總結了從吸引顧客進店到離店的整個銷售流程，指導門店銷售人員抓住顧客、分析顧客需求、摸清顧客的問題，同時規範自身行為，建立與顧客的友好關係。書中一些實用的銷售技巧、方法的總結，使本書更貼近實際、更加實用。

本書介紹商店經營的各種技巧，更多成功案例，經營者、店長閱讀後，對商店經營有所領悟，靈活運用，並在商場經營中獲得可觀的利益，能樹立商店銷售落地觀，掌握更多技巧，輕鬆提昇客單價、貨單價，擴大銷售業績，讓商店連續贏利，讓銷售贏在起點。

希望本書能給商店帶來與眾不同的銷售體驗，祝福所有的商店從業者業績更上一層樓。

2024 年 12 月

《商店診斷授課講堂》

目　錄

第 1 章　實體商店如何打敗網商 / 8

一、Internet 思維不等同於線上銷售························8

二、電商與店商的界限越來越模糊····················9

三、讓人頭疼的電商低價競爭·························11

四、電商的困難，運營成本逐漸加高···············13

五、實體店的困難：房租、人工、電商衝擊·········14

六、線上線下同款品的低價促銷，實體店營運困難···15

七、線下實體店要進行差異化·······················17

八、透過增值服務為消費者創造價值···············21

九、傳統商店要用心································23

第 2 章　實體店要靠體驗，形成優勢地位 / 25

一、未來零售形態是 O2O····························25

二、實體店要靠體驗制勝····························28

三、實體商店要善用體驗式行銷····················30

四、線下實體商家要加強銷售服務·················37

五、商品的體驗過程，引導顧客購買···············39

六、實體店工匠精神⋯⋯⋯⋯⋯⋯⋯⋯⋯⋯⋯⋯41

七、壽司之神是「用心」二字⋯⋯⋯⋯⋯⋯43

第 3 章　提高線下實體店的轉化率 ／ 46

一、搜索有相關性的匹配關鍵字⋯⋯⋯⋯⋯46

二、權威轉化的資質認證⋯⋯⋯⋯⋯⋯⋯⋯47

三、找名人推薦⋯⋯⋯⋯⋯⋯⋯⋯⋯⋯⋯⋯48

四、善用模特圖片⋯⋯⋯⋯⋯⋯⋯⋯⋯⋯⋯49

五、收集好的評論⋯⋯⋯⋯⋯⋯⋯⋯⋯⋯⋯50

六、讓客戶感覺賺到了⋯⋯⋯⋯⋯⋯⋯⋯⋯50

七、附攀型：當紅巨星 XXX 都在使用的產品⋯⋯52

八、不滿意，全款退還⋯⋯⋯⋯⋯⋯⋯⋯⋯52

九、30 萬客戶都在使用⋯⋯⋯⋯⋯⋯⋯⋯⋯53

十、知名品牌、銷售冠軍、口碑最佳⋯⋯⋯55

十一、要找出具體的使用案例⋯⋯⋯⋯⋯⋯55

十二、產品場景化，給予視覺刺激⋯⋯⋯⋯57

十三、贈品展示，買刀送刀架⋯⋯⋯⋯⋯⋯59

十四、曬出銷量資料，好貨看得見⋯⋯⋯⋯60

十五、廠家自產自銷，一件也是批發價⋯⋯61

十六、會員制大優惠，會員 8 折⋯⋯⋯⋯⋯62

十七、公司 5 周年慶典，全網 7 折起⋯⋯⋯63

十八、限量促銷，開業大促銷，僅限 300 件⋯⋯63

十九、明星同款，賣的就是特色⋯⋯⋯⋯⋯65

二十、全店正品，承諾假一賠百⋯⋯⋯⋯⋯66

二十一、化整為零法，每天不足 20 元 ⋯⋯⋯⋯⋯⋯⋯66

二十二、從眾法，本月賣了 3000 件，大家都在買 ⋯⋯⋯67

第 4 章　如何分析銷售報表 / 69

一、診斷店鋪，對症下藥 ⋯⋯⋯⋯⋯⋯⋯⋯⋯⋯⋯⋯⋯69

二、銷售報表分析的方法 ⋯⋯⋯⋯⋯⋯⋯⋯⋯⋯⋯⋯⋯75

三、店鋪報表分析的重點 ⋯⋯⋯⋯⋯⋯⋯⋯⋯⋯⋯⋯⋯76

四、店鋪銷售報表的診斷分析內容 ⋯⋯⋯⋯⋯⋯⋯⋯⋯81

五、銷售報表分析的關鍵指標 ⋯⋯⋯⋯⋯⋯⋯⋯⋯⋯⋯83

第 5 章　向銷售目標推進 / 84

一、增加顧客體驗，把客單價做大 ⋯⋯⋯⋯⋯⋯⋯⋯⋯84

二、別讓銷售目標變成口號 ⋯⋯⋯⋯⋯⋯⋯⋯⋯⋯⋯⋯87

三、如何達成商店的銷售目標額 ⋯⋯⋯⋯⋯⋯⋯⋯⋯⋯89

四、向目標跟進 ⋯⋯⋯⋯⋯⋯⋯⋯⋯⋯⋯⋯⋯⋯⋯⋯⋯98

第 6 章　鞏固客戶就能提昇業績 / 101

一、客戶忠誠的特質 ⋯⋯⋯⋯⋯⋯⋯⋯⋯⋯⋯⋯⋯⋯⋯101

二、提高客戶忠誠度所帶來的價值 ⋯⋯⋯⋯⋯⋯⋯⋯⋯103

三、要培養終身顧客 ⋯⋯⋯⋯⋯⋯⋯⋯⋯⋯⋯⋯⋯⋯⋯106

四、對已流失顧客進行分析 ⋯⋯⋯⋯⋯⋯⋯⋯⋯⋯⋯⋯110

五、制定顧客挽留計劃 ⋯⋯⋯⋯⋯⋯⋯⋯⋯⋯⋯⋯⋯⋯114

六、開發 VIP 顧客的方法 ⋯⋯⋯⋯⋯⋯⋯⋯⋯⋯⋯⋯⋯119

第 7 章　「放長線釣大魚」的會員制 / 126

一、放長線釣大魚 ··126

二、會員制適用於任何店鋪 ····························128

三、會員制對培養客戶忠誠的影響 ················129

四、會員制能創造雙贏之道 ····························133

五、如何建立會員制 ····································136

第 8 章　顧問師診斷你的店鋪 / 141

一、診斷店鋪形象 ··141

二、店鋪立地診斷 ··150

三、診斷店內客戶行走路線 ····························157

四、診斷商店的商品線構成 ····························162

五、店鋪陳列診斷 ··171

六、診斷你的賣場 POP 宣傳 ··························188

七、診斷有招客能力的招牌和櫥窗 ················191

八、診斷店內的滯銷品 ····································199

九、診斷店內的理貨作業 ································205

十、診斷你的店鋪現金作業 ····························207

十一、診斷商店人員 ··211

十二、診斷店面銷售數據 ································219

十三、提高商店業績公式 ································227

十四、找出問題的主管巡店工作 ····················234

十五、打造 3 本自己店面的導購秘笈 ············237

十六、傳統商店要設法開發獨特商品 ············241

十七、商店要打造零售業品牌 ················ 243

十八、決定商店命運的客戶漏斗模型 ········ 245

十九、用商店數據說話 ····················· 247

二十、日本便利店的相關性分析 ············ 257

二十一、擴大銷售的途徑 ··················· 263

二十二、實體店要營造賣場形象 ············ 270

二十三、營造熱鬧氣氛的陳列銷售方法 ····· 272

二十四、客戶入店的瞬間印象良好 ········· 275

二十五、店鋪陳列的改善對策 ·············· 278

二十六、有計劃的促銷活動 ················· 281

二十七、重視客戶才會產生利潤 ············ 283

二十八、顧客檔案的管理診斷 ·············· 287

二十九、陳列就是打造「會說話」的產品 ·· 290

三十、商店銷售員要培養親和力 ············ 291

三十一、讓顧客享受人性化服務 ············ 293

三十二、用微笑迎接顧客 ··················· 295

三十三、連鎖店的店鋪管理 ················· 296

第 1 章

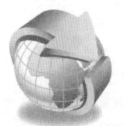

實體商店如何打敗網商

一、Internet 思維不等同於線上銷售

很多實體店經營者認為，所謂 Internet 思維就是將產品、服務搬到線上去銷售，去開個網店，去跟團購平台合作，推出團購套餐，或跟外賣平台合作，讓消費者在網上也能找到自己，這樣就做到了 O2O 的跨越，實踐了 Internet 思維。

將銷售搬到線下，是實體店擁抱 Internet 的第一步，還要配合以完善的線上線下銜接、全程無痛點的消費體驗。

Internet 不能讓二流變一流，很多時候我們看到一個商家做一個產品或服務，在還未做到位，沒有研究透的情況下，就用 Internet 的行銷迅速地推廣。那麼，它死得可能會更快。傳統產品服務做不好，也許還能生存三五年，但 Internet 會無限放大它的缺陷和不足，會加速它的死亡。

商業的本質並沒有改變，有 Internet 餐館，餐館如果菜不好吃，服務不好，衛生不好，環境不好，怎麼 Internet 思維都沒有用。房子建不好，設計再漂亮，再會行銷還是賣不出去，最終還是品質和服務都很重要。」

二、電商與店商的界限越來越模糊

眾多關閉的門店背後，存在著眾多的原因。對於傳統實體零售業出現的「關店潮」，應理性分析背後的原因，而非一股腦兒地將其歸因於電商的衝擊，每家關停的實體店都有各自的難言之隱。

店商反擊戰是一個很有研究的課題，在電商熱潮洶湧的當下，實體店本身有著電商不可比擬的「消費者親身體驗」優勢，加上實體店與生俱來的與電商抗衡的基因，不會就此走向沒落，重點在於傳統店商要如何改善自身的經營作法。電商會顛覆店商嗎：

1.電商與店商、線上與線下界限越來 越模糊

移動互聯時代，電商在佈局線下，傳統店商也在進軍線上，線上與線下已經開始融合。O2O 將是零售的未來，這已成為行業的共識，實體零售商也都在投資打造線上線下融合的多管道以及數據設施，甚至呈現後來居上的態勢。

2.線上線下將共生共存，優勢互補

實體零售商的高度真實性、重體驗性，是電商所不具備的，也是其無法替代的。未來的電商與店商將共生共存，正如王健

林所言:「我覺得不是勝負,我覺得雙方(電商和店商)都能活。」

消費者前往某商場的 ONLY 專櫃,發現一款外套但店裏卻沒有適合自己的尺寸,於是在店員的推薦引導下在該品牌的網路店下單。某模型玩具店透過微信朋友圈發送商品信息,消費者看到信息選擇了網上支付、快遞上門的購買方式。交易模式已經很難辨別出成交的實際歸屬方為電商還是店商。

另有一個值得關注的跡象是,曾經將實體店逼得幾無退路的電商,而今突然紛紛選擇站到了自己的對立面。

在美國,電商巨頭亞馬遜的首家線下實體書店——位於西雅圖的「amazon books」線下書店,已經正式對外營業。「amazon books」展示出來的都是好評度在四星以上的圖書,當顧客掃描其二維碼後,就可直接從手機上看到其他用戶對圖書的評論。

這是亞馬遜「逆襲線下」的第一步,目的是窩消費者更近。在中國,阿里巴巴、京東等,也都紛紛從線上走到線下,爭相開設實體店,實體店大有復蘇之勢。

關停潮的實體店固然有電商的衝擊,但更多是死於「經營內傷」,而不是 Internet 的衝擊。

店商不會被電商所顛覆,實體店更不可能消失。堅定的實體零售店依然是未來的主流管道,並不意味著排斥 Internet,故步自封。

Internet 時代,當所有的企業都完成 Internet 轉型,當所有的零售業都實現 O2O,實現線上與線下的高度融合時,零售業將不再有電商和店商之分,零售也將回歸零售的本質。

3.實體店的主體地位難以動搖

電商的發展已經到了相對成熟的階段，增速遞減，可以預見的是，在未來一個相當長的時期內，電商都難以撼動店商的主體地位。

實體零售的主體地位未被動搖，是基於統計數據。而統計數據並非絕對準確,統計對象有其監控不到的盲點和例外情況。

因為電商具有價格優勢，所以很多消費者都會先去實體店體驗產品後，再在網站上下單，使實體店一度淪為電商的「展廳」，顧客成了「線下選、線上買」、只看不買的「打樣」族。這種現象也被稱為「展廳現象」。

電商各種行銷噱頭、各種換湯不換藥的促銷方式以及層出不窮的網購陷阱，消費者對於網路購物的態度也日趨理性，消費市場因此出現「展廳現象」，即消費者在網上搜索對比產品後，最終前往實體店購買。

上述兩種情況，儘管同時涉及線上線下，但最終的成交方比較容易界定，或者是「電商引流，店商成交」，或者是「店商引流，電商成交」。另有一種情況，線上線下商家高度融合，甚至合二為一。

三、讓人頭疼的電商低價競爭

「顧客忠誠是人們內心深處擁有的一種情感投入，不管環境因素如何變化，也不管市場上存在什麼樣的吸引顧客做出行為改變的促銷措施，人們在這種情感投入的驅使下，在未來，

不斷地重覆購買相同品牌或者相同品牌旗下的商品。」這是行銷專家理查．奧利弗教授對於顧客忠誠的描述。在商業行為中，顧客忠誠度有四個層次：衝動型忠誠、認知型忠誠、情感型忠誠、行為型忠誠。

認知型忠誠和行為型忠誠要比衝動型忠誠和情感型忠誠更加理性。衝動型忠誠的忠誠度最低，維繫時間較短；行為型忠誠的忠誠度最高，持續時間長，是最讓企業和商家夢寐以求的忠誠度類型。

消費者選擇線上購物，基本還都停留在「衝動型忠誠」層面，消費者只對價格敏感，一部份消費者只忠於產品、忠於品牌(少數強勢品牌，如耐克、蘋果等)，而極少有人忠於電商平台：

1.電商產品同質化嚴重

各大電商平台，經營產品同質化嚴重。以往，消費者的購物習慣是「買圖書去當當，買電子產品去京東，買化妝品去聚美優品……」如今，這種界限早已經模糊，電商平台紛紛擴大追求「大而全」，吸引顧客最有效的手段就只有價格戰。同質化競爭帶來的局面往往是，消費者想要購買一本書，極有可能會因為5毛錢的優惠就從「當當」轉到「京東」。

2.「低價-劣質-低忠誠度」的惡性循環

被電商拿來進行價格促銷的商品通常有兩種。一種是過時的庫存積壓品，雖然品質沒有太大問題，但款式相對過時。一家品牌企業表示，他們參加促銷主要目的是為了清庫存。「為什麼不拿新品做促銷？主要是價格高，價格高消費者就不買賬。」

另一種是線上定制款，其款式雖然號稱與專櫃一樣，但商品的用料和專櫃有很大的差別，網上的款式原料成本相對較低。這種商品當然難以達到消費者期望值，無形中會降低其購物體驗，忠誠度更是無從談起，進而陷入一種惡性循環。

3.電商頻頻打價格戰

隨著 B2C 競爭日益激烈，加上網購人群缺乏忠誠度，同時由於產品同質化嚴重，價格戰就成為了一種最直接的行銷工具，成為電商行銷的一種常態。

據瞭解，電商紛紛開打價格戰，促銷商品覆蓋率超過 80%。價格戰能夠帶來短流量激增，同時也會帶來持續價格戰、顧客喪失忠誠度的惡性循環。

四、電商的困難，運營成本逐漸加高

電商早期的快速發展，主要得益於低成本。早期的 Internet 電商有「三個零」的說法：零成本、零時間、零空間。

電商初期的低成本，主要得益於電商平台的免費流量引導，例如，早期就透過免費流量捧紅一大批淘品牌。如今，這些淘品牌失去免費流量支持後，普遍進入發展瓶頸期，只得花錢買流量。

通常，早期電商由於沒有店面、沒有過多的中間環節，而享有得天獨厚的成本優勢。但如今，這種優勢已不再。

實體商業的成本構成：人員、房租、廣告、促銷、扣點（分成）、售後服務。

電商的成本構成：人員、物流、流量、廣告、促銷、扣點（分成）、售後服務。

透過對比，可以發現，在既定的商品和商業模式下，影響傳統實體商業績效的主要外部因素是地段與租金，影響電商績效的主要外部因素是流量成本和物流成本。

而租金和流量成本的變化，正影響著傳統商業和電商成本的變化。現在來看，傳統實體商業的租金上升速度已經大大減慢。與此相反，電商的流量成本卻越來越高，再加上物流成本，已經迫近黃金交叉點。電商成本一旦突破黃金交叉點，成本就要高於傳統商業，電商的發展勢頭就會受到遏制。

這並非危言聳聽，要獲得流量，必須支付宣傳費用，而電商產業結構的特點決定了流量成本將會越來越高。

目前來看，電商業務模式存在高成本、低利潤、虧損的缺陷，事實上，線下實體店的成本結構比電子商務還要簡單，成本還要低。

五、實體店的困難：房租、人工、電商衝擊

近年，線下實體店頻現關店潮。不少實體店在關店清倉時，紛紛打出這樣的標語：「網購衝擊，生意難做」。

將部份實體店「逼上絕路」的真的是電商嗎？不可否認，部份實體店之所以關門大吉，固然少不了電商的衝擊，電商擠壓了實體商業的生存空間。其實，壓垮實體店的，除了內因，除了電商，還有另外「兩座大山」——高房租和高人工成本。

高額房租就如同懸在商家頭頂之劍，隨時可能會落下，斬斷一個個商家的夢想。

高房租逼走商鋪的事情屢見不鮮，給實體店經營者造成了很大壓力。

除了高房租，讓實體店難以承受的還有高人工成本。

店面租金和人工費的增加是實體商業成本上漲的主因，實體商家員工的薪資一漲再漲，又遭遇用工難。這種境況，對實體商業，是一個繞不開的挑戰，也是實體店經營者不可承受之重。

六、線上線下同款品的低價促銷，實體店營運困難

實體店成批倒閉，淪為電商的「線下展廳」，根源在於同款商品線上線下不同價，線上價格往往要低於實體店線下價格。消費者出於理性的考慮，追求個人利益最大化，選擇價格更實惠的電商網購，也就不難理解了。

同一品牌，同一種產品，線上線下不同價的結果是，線上電商銷售情況就越火，線下關店潮勢頭越猛。線上價格優勢是制勝的關鍵因素，只要實體店同款產品線下高於線上定價，那麼傳統的實體商家遲早會被自己打敗。

需要澄清的是，由於消費者並非專家，對產品的定位、生產技術、用料等流程疏於瞭解，在很多時候，會將線上線下不同產品誤認為是同一款。此話怎講？

1.線上假貨，線下正品，線上線下不同價

便宜又正宗的「實價正品」，究竟是從那裏來的？答案很簡單！仿貨或假貨。

網上銷售的服裝、鞋帽類商品多屬於這種情況。一個正品，一個仿冒，價格懸殊，也就合情合理了。只不過，這對於實體店似乎有些不公平。

有過網購經歷的買家都有過經歷：某品牌服裝，網路售價和商場專櫃售價極其懸殊，專櫃標價上千元的服裝，網店只賣三四百元，只有專櫃正品的三到四折。於是，消費者無不趨之若鶩，認為自己在網上撿到了大便宜。

2.線上線下貌似同款，不同價格

隨著網購的興起，消費者被吸附到線上。所謂「魔高一尺道高一丈」，傳統廠家吃透了消費者的心理，順勢推出各種網路專供款產品。

網路專供產品，顧名思義，只供網路管道銷售。與實體商場、專櫃供應款相比，從外觀上，幾乎識別不出差異，「貌似」同款。網路專供款的價格更低，雖然品質沒問題，也屬於正品，但在用料上、功用上會有所縮水。

在大型家電領域，「差別供貨」早已是公開的秘密。為了應付那些愛打價格戰的電商，廠家就單獨為電商管道定制「專供機型」。

同一個廠家生產的平板電視、冰箱、洗衣機等產品，供應給實體賣場和電商管道的貨並不一樣。

在衛浴領域也是如此，對比一下（線上線下產品價格），一

個賣幾百塊，一個賣上千塊，價格差距這麼大，（產品）怎麼會一樣呢？

3.線上線下同款，但不同價

如果線上與線下管道能夠做到同款同價，實體店就有可能崛起。如果線上線下做到同款同價，那麼實體店一定會被低價的網商打敗的。這裏的同款不同價，是真正意義上的同款，品牌、用料、技術、批次完全相同，只是售價不同。

例如，同樣是一本書，同樣是正版，產品本身沒有任何差異。在書店購買，最多打八折，而在網路店，可能只需要七折、六折，甚至更低。這些情況，就不能怪消費者投入電商的懷抱，實體店的蛋糕當然要被電商搶去。

有兩個品牌，線下實體店做得比較成功。一個是日本品牌「優衣庫」，就一直堅持線上線下同款同價；另外一個是中國品牌「海瀾之家」，也是奉行線上線下同款同價的經營策略。兩家企業線上管道銷量在迅速增加，與此同時，線下實體店也在逆勢增長。

當然，線上線下同款同價，說起來容易，實則背後會涉及錯綜複雜的利益糾葛，也事關品牌的運營水準。

七、線下實體店要進行差異化

（一）實體店的用戶體驗

針對低轉化率，各大電商使出了渾身解數，轉化率成效也不太明顯，根本原因在於，相較於實體店購物，網購商店在用

戶體驗上有著天然的劣勢。

包括亞馬遜、京東、聚美優品等在內的電商巨頭，紛紛進軍線下，開設實體店和體驗店。目前，這個陣容正在進一步擴充，各種知名電商品牌也在加速佈局線下體驗店。

對消費者而言，諸如電器、化妝品、服裝、通信器材、攝影器材這樣的商品，用戶體驗的優劣會決定購買轉化率。網路電商是平面化的「二維空間」，傳統的實體店則可謂是現實中的「3D 世界」。一些商品在網上展示未必會受到特殊關注，一旦陳列在實體店裏，卻能產生較強的「吸睛」效應。

據最新調查數據顯示，零售市場出現了「重返實體店」的跡象。

調查中，有 93%的消費者表示實體店購物「非常方便/方便」，遠遠高於網路的 75%和移動設備的 61%。從購物體驗和便捷性的角度看，實體店對於電商有著壓倒性優勢。這就是體驗經濟的魔力，而體驗恰恰是電商平台的硬傷，體驗經濟也是倒逼電商轉戰線下的根源。

開設實體體驗店可解決了消費者網路購物中的痛點——用戶體驗不足。電商的客戶體驗做得再好，也會有 10%或 15%左右的退貨率，這不是品質問題，而是尺碼不合適、顏色有差異、身材差異、視覺效果差異等。

實體店的體驗式經濟，能夠更好地打動顧客，有效地提升轉化率。

「逛街是一種生活方式、精神消費，不是落伍的休閒。」相對於部份喜歡「宅」在家裏進行網上購物的消費者，更多的

人喜歡到商場、實體店，邊逛邊買。線下商業能滿足消費者集購物、娛樂、休閒、飲食、出遊於一體的社會性需求，滿足消費者擁有商品的即時性需求，便於消費者進行面對面選購，大大提升購物體驗。這是電商所不具備的空白區域，也是電商在購物體驗上的「先天劣勢」。

（二）形成差異化，是實體店競爭優勢

差異化定位的核心在於透過提供差異化的產品和服務，為消費者提供價值。讓消費者認可並採取購買行為，進而為商家創造利潤，創造生存空間。

實體店要想殺出競爭慘烈的市場，就要進行差異化定位，拒絕同質化競爭，同時，瞭解電商優勢，避免跟電商硬碰硬。

差異化競爭是一種戰略定位，即企業設置自己的產品、服務和品牌以區別於競爭者。就是差異化，就是與眾不同。在市場中，全面超越競爭對手是很難的，要做得和競爭對手不一樣則相對比較容易。不一樣，意味著差異化，意味著競爭優勢。

如今，線上與線下之間，同質化現象越來越嚴重，如何掌握主動權？差異化定位、差異化發展，是實體商家未來打造競爭優勢的關鍵所在。實體商業與競爭對手之間，不是你死我活的關係，而要取長補短、優勢互補、共生雙贏。

可採取的差異化定位如下：

1.產品品類差異

首先，打造與競爭對手完全相異的產品搭配。

實體商家要儘量進行差異化產品定位。舉一個簡單的例

子：你賣蘋果，我賣梨，你賣香蕉，我就賣草莓，反正就是要和你不一樣。不一樣就無法比較，沒有比較就沒有競爭。

就圖書零售店而言，實體書店相對於網上書店，幾乎沒有什麼優勢，但是線下書店可以進行錯位經營。電商經營新書，線下書店可以經營特價書、舊書、稀缺書、名人簽名書等。

線上線下商店，高低搭配，價位、檔次錯位。譬如，可以把實體店作為高端店，經營高價正品時貨，高質高價；將網店作為低端店，用於處理實體店的庫存或過季商品，或者用來銷售「網路專供款」，就能夠有效地避開正面競爭。

2.經營模式差異

經營模式即商業模式。何謂商業模式？商業模式是一種戰略武器，運用得當，威力巨大。

經營模式差異化，美國的「好市多」(Costco)的經驗值得借鑑。在美國，不論電商還是線下零售店，能跟「好市多」正面競爭並獲得優勢的寥寥無幾，這要歸根於「好市多」的會員制模式。

「好市多」採取的是收費式會員制，消費者成為它的會員後，能以非常低廉的價格購物，前提是要在「好市多」進行「多頻次、大額度」地購物，否則，就很不划算。在採購上，「好市多」採取的集中式大量採購方式，品類不多，但是數量巨大，以此獲取談判優勢，提高議價權。這樣，雖然顧客在「好市多」沒有更多選擇，但實際上「好市多」已經幫助顧客找到了最合適、最便宜、使用頻率最高的產品。這種差異化經營模式，使建立在會員制和獨特商品目錄上的「好市多」，能夠有效地避開

線上線下的慘烈競爭，可以避開零售業的價格戰，且具有很好的品牌信賴度和品牌黏性。

3.地段差異

通常，在城市的 CBD 等核心商圈，地價高，開店成本高，競爭激烈。如何進行錯位經營？可以將店鋪開到二線商圈、三四線市場、農村市場和更接近終端消費者的社區。

超市、電器，近年來紛紛調整發展戰略，讓管道下沉，從大城市轉戰縣鄉級市場。大城市裏只開小的便利店，大的購物廣場會開在小地方。」例如，經營者在大型社區內開一家社區便利店、雜貨鋪，那麼就能獲得最大的經營優勢，離顧客最近，這優勢，是任何競爭對手也無法替代的。

4.服務差異

服務本就是電商的短板，店商抓住機會，積極服務，進行服務升級，提升服務水準，靠服務來打動顧客。服務差異化策略實施到一定的境界，不僅能形成對於電商的差異化優勢，甚至也能將線下競爭對手遠遠甩在身後。例如，以服務著稱的海底撈，不僅讓餐飲同行嫉妒，甚至還引來了跨行業的學習者。

八、透過增值服務為消費者創造價值

隨著傳統線下商家與電商的競爭從「遊牧戰」轉向「地面戰」，實體店經營者不要陷入「價格戰」或「移動戰」的偏失，只有以消費者體驗為中心，透過增值服務為消費者創造更多的價值，才能贏得客戶。

線下商家還要結合自身優勢和資源條件，挖掘增值服務的潛力，提供更多的增值服務。

在很多一線城市的寫字樓、商圈和社區，一些具有前瞻性的實體商家，已經開始踐行透過提供更多的增值便民服務來增加顧客黏性的新手段。

鄰家便利店，店面不大，銷售的商品種類也不算多，但他們提供的服務可不算少，在這裏，顧客可以享受到洗衣、自助繳費、免費 Wi-Fi、複印、限時送達、會員積分等增值服務。值得一提的是，「鄰家」的洗衣服務新模式透過和洗衣工廠直接合作，來為顧客提供專業洗衣服務，36 小時可取，效率要高於週邊商圈的專業洗衣店，很受顧客歡迎。

不只是「鄰家」，很多城市的便利店都開始迎合顧客需求，拓展增值服務內容，如免費提供熱水、手機卡充值、免費微波爐加熱、金融支付拉卡拉、公交卡充值、ATM 取款機。這些服務新內容，在方便顧客的同時，也為實體店聚攏了人氣。服務提上去了，便利店才會受到顧客青睞。

在電商衝擊實體商業的大潮下，實體商業不是沒有逆襲的可能。如果實體店經營者能做到與時俱進，能發掘新機會，且能在此基礎上不斷地調整產品種類，完善服務類別，那麼逆襲將為時不遠。

九、傳統商店要用心

「21 世紀，唯一的生存之道就是專業」，日本著名經濟學家、未來趨勢專家大前研一在《專業主義》一書中這樣說。

所謂專業精神，就是在專業技能的基礎上發展起來的一種對事業、對工作極其鍾愛和投入的優秀特質。具有專業精神的人往往能夠達到一種忘我的境界。

美國人拍攝的《壽司之神》，講的是日本的一家小壽司店，這家壽司店被評為米其林三星，有人稱這家壽司店的壽司是日本最好吃的壽司。它的店面不大，消費卻極高，客單價 3 萬日元起，而且還得提前一個月預訂。

這家小店的經營者是一位年近 90 歲的老人，他做了一輩子壽司，專注用心到了極致。該店對學徒的選用和培養也極其嚴苛，能被選中當學徒的，都要經過漫長的艱苦磨煉。學徒前十年，只能做一件事，就是煎雞蛋，至於捏壽司，想都別想。店主的大兒子，也跟隨著父親學藝 20 多年了，仍然是一副恭敬學徒的姿態。同時，他們還需時刻觀察用餐者的情況，以便對食物適時做出調整。

實體店經營者需做好換位思考，站在顧客的角度去考慮問題，去探究他們的心理需求，而不是站在自己的立場上想當然地去判斷。

實體商業直接面對顧客，需要與顧客進行溝通交流，才可達成交易。

　　實體店經營必須研究目標顧客群的心理需求，要深入一線，實地接觸顧客。透過溝通、觀察、訪談等形式體驗、感悟顧客的真實境況和心理需求，將他們徹底研究透，找出他們的「痛點」，提煉出自己的賣點，整合出自己的獨特競爭優勢，進行攻心銷售。

第 2 章

實體店要靠體驗，形成優勢地位

一、未來零售形態是 O2O

（一）未來的商店趨勢是 O2O

O2O 即 Online To Offline，是指「線下」商業機會和 Internet(Online)充分結合，讓 Internet 成為線下商店交易的前台，線下實體店成為交易的實體支撐。

O2O 模式由線下商家、O2O 平台和消費者三者共同構成，O2O 的概念源自美國，範圍非常廣泛，只要產業鏈中既涉及線上，又涉及線下實體店，就能通稱為 O2O。如果一個商家，不論是電商還是店商，只要能實現兼具網上商城及線下實體店，並且網上商城與線下實體店全品類價格保持一致，即可稱之為 O2O。

B2C、C2C 模式是消費者在線購買、在線支付或貨到付款，購買的商品透過電商自建物流或第三方物流送到消費者手中。

在 O2O 模式下，消費者在線上購買某項商品或服務，然後去線下享受服務。O2O 更側重於服務性消費（餐飲、電影、美容、SPA、旅遊、健身、租車、租房等）。

O2O 模式由線下商家、O2O 平台和消費者三者共同構成。

首先，線下商家能夠降低對地理位置的依賴，減少租金支出，借助 O2O 平台進行精準行銷和客情維護。

最後，消費者也能及時瞭解全面、豐富、及時的商家促銷信息，能夠快速篩選並購買適合自己的商品或服務，且價格優惠。

根據調查顯示，大多數消費者都期待能夠透過線上設備選購、支付和預訂商品，又能在最方便的時間和地點，於線下提取商品。

O2O 被視為實體店的未來方向之一，與電商相比，店商在空間情景、人員服務、商品展示等方面優勢明顯，就看實體店經營者如何透過這些優勢來提升顧客的購物體驗了。才能將轉移到線上的消費者重新拉回來。

未來實體店的定位應當是成為消費者即興購買商品與服務的社區服務中心和生活百貨館，即消費解決方案提供者。

（二）實體店的最新經營模式

實體店的最新經營模式是體驗店，體驗店是一種最貼近消費者的線下終端店面，目的是讓消費者親身體驗產品和相關的服務。體驗店主要是用來展示最新的技術、產品、服務，透過不定期的專題活動，鼓勵消費者參與其中，建立溝通管道，收

集消費者的意見回饋，及時改進產品和服務。

　　體驗店存在的價值，是進行體驗行銷，讓消費者透過試用和感知，進而對商家產品或服務的價值和品質產生好感與信賴。

　　實體體驗店主要有兩種形式。一種是「只體驗、不銷售」的體驗店；另一種則是「體驗兼銷售」的體驗店，例如各大電商平台如亞馬遜開設的線下體驗店。

　　近年來，為了應對電商衝擊，線下實體店開創了一種新的「生活體驗店」模式，致力於打造能夠讓顧客身臨其境的消費新模式，這樣的新奇體驗能夠更全面地滿足顧客的消費需求。

　　消費者的購物體驗包含理性成分和感性成分，相應地，實體店的店面陳設及服務也應當包含理性部份和感性部份。

　　理性部份是店面充滿了貨架和商品，每寸空間都充分利用起來。簡單來說，就是目的性很強地銷售商品，例如便利店、超市和傳統的服裝店。

　　生活體驗店模式是傳統實體商家的大膽、新穎的嘗試，給顧客提供全方位的購物體驗。

（三）線上向線下實體店的導流模式

　　線上向線下實體店導流，是 O2O 模式的實踐，核心是線下實體店，主要目的是透過 O2O 模式來為線下實體店導流，提高線下實體店的成交量，適用於品牌號召力較強、影響力較大的實體商業，具體導流模式有優惠券、門店查找、品牌宣傳、數據行銷等。

　　優衣庫服飾店打造的 O2O，主要目的就是為線下實體店提

供引流服務，幫助線下門店提高銷量，並做到推廣導流效果可查、每筆交易可追蹤。

優衣庫的在線購買功能，是透過跳轉到手機終端的天貓旗艦店來實現的，優惠券發放和線下店鋪查詢功能則主要是為了向線下實體店引流，以增加消費者到店消費的頻次和客單價，提升經營績效。優衣庫已經實現了線上線下的雙向融合。

優衣庫線下實體店內的商品和優惠券二維碼，也只匹配優衣庫的 APP，從而可以將線下實體店的消費者吸引到線上，提高 APP 的下載量和用戶量，並培養忠實的消費者，實現線上線下融合的良性循環。

值得線下實體店關注的是現代移動支付手段。其價值並不僅僅是增加一個支付通道，更重要的是它打造了一種全新的門店模式，提升了購物的體驗性和便利性，也是將消費者從線上向線下導流的一個重要途徑，例如優衣庫服飾店結算時使用支付寶、或微信付款。

線下商家增加新的線上支付方式，能夠提高結算效率，減少顧客等待時間。

二、實體店要靠體驗制勝

體驗是一種場景經濟，它的最佳載體就是各類實體商店，是電商無法做到的。

無論虛擬現實技術如何演進，虛擬終歸是虛擬，永遠替代不了現實消費者的感覺和感受。即使電商將自己的網頁設計得

再人性化，買家秀做得再漂亮，也不及實體店對商品的實際展示，這種觸感是真實的、可見的、可信的，被低價衝昏頭腦的消費者冷靜下來後，會做出理智的選擇。

在購買過程中能『觸摸和感受』商品，而且能得到銷售員的幫助，這點對於許多商品類型而言都相當重要。例如，顧客喜歡在店裏試穿一下衣服或試戴一下項鏈，或者親自掂量一下，看食品是否足量，然後再確定是否購買。這個過程，最好是有真人來做解釋說明。「對於這些類型的商品，線下體驗將會繼續非常具有價值。

實體店遠高於電商的成交轉化率和電商巨頭紛紛轉戰線下，無不源於此。

實際上，線下消費體驗取決於商家的地段、裝潢、氣氛、人員、態度等綜合因素，每一個消費者從不同的視角去察覺，都會帶來完全與眾不同的體驗，這也正是實體商業的魅力所在。

顧客體驗管理以提高顧客整體體驗為出發點，注重與顧客的每一次接觸，透過協調整合售前、售中和售後等各個階段，認真銜接各種客戶接觸點，或接觸管道，有目的地、無縫隙地為客戶傳遞目標信息，創造正面形象，為顧客帶來正面感覺，以實現良性互動，進而創造差異化的顧客體驗，實現顧客的忠誠，強化感知價值，從而增加店鋪的競爭力和營業收入。

粉絲即英文 fans 的音譯，粉絲經濟，泛指架構在粉絲和被關注者關係之上的經營性創收行為，被關注者多為明星、偶像和行業名人等。

如今，粉絲經濟的適用範圍已經大大擴展，網紅、自媒體、

商家、企業甚至個人都可以擁有自己的粉絲，圍繞粉絲的創收行為，都可以視為粉絲經濟。

不少實體店經營者都存在這樣的困惑：為什麼店鋪剛開業的時候，顧客很多，過了開業期，顧客就越來越少了呢？

為什麼顧客川流不息，但卻始終沒有真正忠誠於自己的客群？

線下實體店要想把生意做大做好，無非就是兩件事情：穩住原有的老顧客；不斷地把新顧客變成老顧客。

如何做到這兩點？需要具備「粉絲和互粉精神」，傳統實體店經營者的商業思維往往是「單機版」，很少考慮顧客需要什麼樣的產品和服務，更多的是站在自己的立場給顧客推銷商品和服務。

在 Internet 時代，線下實體店也需要粉絲，需要將顧客尤其是忠實顧客變為粉絲，要具備粉絲經濟的思維，懂得迎合和取悅粉絲，懂得跟粉絲互動，這樣粉絲就願意跟著你，而且越炒粉絲越多。

三、實體商店要善用體驗式行銷

為了避免同質化的價格戰，實體商店要多從產品價值上挖掘自身產品區別於其他產品的唯一特性，同時要宣導和突出這種價值，並讓消費者體驗這種價值，進而達成銷售，這種消費者拉動方式就是體驗式行銷。

圖 2-1　消費者體驗的分類

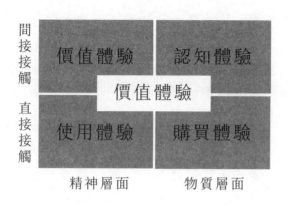

（1）**價值體驗**

所謂價值體驗，就是透過某種傳播方式告訴消費者，這個產品對他們有什麼價值。

價值體驗的方法有很多種。無論使用那種方法，企業都要先樹立自己的價值觀，提倡價值體驗，然後再向消費者傳遞這種價值觀。特別是在推廣新產品的時候，一定要讓消費者感覺到消費這個產品能滿足自己的某種需要，是有價值的。

價值決定價格。企業在推新產品的時候，如果有好的賣點，定價通常也會相應提高。在這種情況下，企業一定要引導消費者去感受某種價值、尋找某種感覺：「用這個產品（品牌）感覺非常好，我寧願多付一點錢。」要是能做到這一點，那就非常成功了。企業應該如何引導消費者產生這種心理感覺呢？我們看看下面的案例。

哈根達斯雙色球霜淇淋的零售價是多少，大家知道嗎？有人說是 68 元，也有人說是 76 元，總之不便宜。

天下的霜淇淋千千萬萬個，為什麼別的牌子便宜，而哈根達斯能賣到高價？而且銷路還非常好，在中國已經開設了多家連鎖店。這和哈根達斯提倡的價值觀有關——如果你愛她，就請她吃哈根達斯。價值決定價格，這樣看，如果一個男士喜歡一個美女，請她去吃六七十元的哈根達斯，絕不是什麼大事情。但如果自己一個人走在馬路上，有那麼多霜淇淋，非要去挑一個哈根達斯吃，很多人可能會認為你頭腦在發熱。

歸根結底，哈根達斯宣傳的是一種價值觀，它和別的霜淇淋最大的區別就是，別的霜淇淋不跟愛掛鉤，而哈根達斯霜淇淋是跟愛掛鉤、跟浪漫掛鉤的，這就是一種價值觀念。

(2)認知體驗

認知體驗是一種間接接觸的體驗，具有引導消費的作用。

話說有一款產品，它具有 MP4 的功能，但不是 MP4；它可以上網，但不是上網本；它可以當微型掌上電腦使用，但不是電腦：它具有遊戲機的功能，但不是遊戲機；它可以拍出高清照片，但不是數碼相機；它有攝像功能，但不是 DV；它還具有電話的功能，大家說它是什麼？

這就是蘋果公司為 iPhone 做的消費者認知體驗宣傳，讓消費者把對這些功能的認知跟 iPhone 這個產品畫上等號。

在服裝行業，產品季節性非常強，等進入某個季節再推廣當季的產品就來不及了，必須提前引導消費、引導流行，認知體驗就顯得十分重要。很多公司每年都要舉行 3～4 次時裝發佈

會，用 T 台時裝秀演示某季節的時裝流行趨勢，一方面收集參會人士對流行趨勢的看法，另一方面就是讓消費者去認知將要流行的服裝趨勢、認知這個品牌。

任何一家服裝企業從設計、打樣、組織生產、分銷到終端，都有個相當長的過程，如果不引導消費、不舉辦消費者的認知體驗活動，生產出來的服裝產品很可能壓庫。服裝壓庫是很可怕的，錯過季節的服裝往往只能 2～3 折進行甩賣。所以說，在服裝行業，消費者的認知體驗十分關鍵。

(3)使用體驗

使用體驗主要是讓消費者在試用中去感受某種產品突出的性能或服務，體驗其帶來的快樂，我們買衣物時的試穿就是一種使用體驗。使用體驗能讓消費者真正體會到產品是不是物有所值，因此，使用體驗的產品必須具有能吸引人的特性或增值服務，否則，採用這種體驗方式的意義微乎其微。

約伯斯是一個偉大的產品開發者，同時也是一個偉大的消費者。他深諳消費者的體驗心理，在體驗店的佈置上頗費心思。

當初，約伯斯沒有把所有的銷售權都交給全美最大的家電零售商——百思買，因為百思買無法把每個店中的最好位置都給蘋果，因此他選擇了開設專賣店（體驗店）這樣的銷售道路。

蘋果的第一家體驗店設在公司的一間倉庫裏。在剛剛竣工的體驗店裏，所有產品分別按照型號和類別進行陳列，看上去沒有任何問題。但是，約伯斯看到這些後，立即提出了否定意見。因為約伯斯是以一個消費者的眼光來看問題的，他認為「果粉」不易找到他們真正想要購買的產品。

在接下來的幾個月中，最初的體驗店被拆除，在原來的位置上又建起了新的體驗店。這次是按專區劃分的，如視頻剪輯專區、數碼攝影專區、音樂專區、遊戲專區等，體驗者進來後，很快就可以找到自己所需要的產品。而且每個區域的產品都井井有條地擺放著，體驗者可以隨意試用、隨便玩、隨意享受，沒有人會勸他們去購買任何產品。店員也訓練有素，在每個環節上都關懷備至，真正讓體驗者有賓至如歸的感覺。

雖然零售領域和一些專家都不看好約伯斯的想法，但是蘋果在弗吉尼亞州的體驗店開業第一天就售出 7000 多台產品，接下來更是一發不可收拾。

約伯斯對蘋果產品的功能非常自信，他相信只要消費者體驗過，就會無法抗拒。事實也證明瞭這點，他成功地透過「使用體驗」吸引了很多消費者，也拴住了很多消費者。

這從另一方面也說明使用體驗雖然對銷售的轉化率非常高，但首先取決於產品的功能或服務。如果脫離了這一點，盲目地走使用體驗之路，將得不償失。

(4)購買體驗

購買體驗是消費者經過認知體驗，產生購買動機後而去尋找產品的行為過程。前面幾種體驗都是為購買體驗做鋪墊的，相比之下，購買體驗更加關鍵。

很多消費者在購物時都是不理智的，往往伴隨著衝動性和隨機性，而且容易跟風消費。廠家就是要利用好「羊群效應」，引導已經使用過的消費者正向傳播品牌資訊，激起大家的購買熱情，完成購買體驗。

　　購買體驗也是品牌與消費者的「一次重要約會」。在此體驗中，如果產品的包裝、價格、陳列、POP 等能夠征服消費者，他們自然就會掏腰包購買。

　　對快速消費品而言，隨機性消費比較強，例如當你口渴的時候，可以喝礦泉水，也可以選擇可樂或者茶飲料。如果只選擇水的話，也有娃哈哈、康師傅、農夫山泉等，這些品牌間的替代性很強。

　　嬰兒奶粉則不同，消費者一旦選中某款奶粉後，往往不會隨便更換，因此，固化消費者的工作就很重要。很多外資品牌的奶粉甚至從對方還是孕婦的時候，就開始建立檔案（消費者數據庫），並進行「關懷」和跟蹤。

　　透過良好的購買體驗，可解決消費者的心態問題。在初次接觸某個產品時，消費者容易對新鮮事物產生質疑的心態。因為在沒有充分瞭解某事物之前，人們總是有一種避險心態，不會輕易接受新東西。即便少數屬於「領先型消費」、願意嘗試新鮮事物的消費者，或多或少也會受到這種心理的影響。這也是為什麼很多所謂的優良產品始終沒有成為主流消費品的原因所在。

　　為了讓消費者解除這種顧慮，該奶粉廠家設計了幾個環節來消除影響。首先，邀請知名專家醫生舉辦健康知識講座，拉近了與消費者的距離（平常到醫院掛專家號是很不容易的）；其次，親子秀活動讓孩子和家長們都玩得十分 high，再次拉近了家長與該品牌的距離：該奶粉在品質方面取得了國內外相關部門的認證，孩子們品嘗完樣品後，絕大多數都表示「喜歡」這

種奶粉的口味(孩子們找到很多夥伴,玩得很開心,從心裏已經接受了該奶粉)。在活動中,很多家長都說孩子對奶粉很挑剔,經常嘗一口便吐出來,這次反倒是拉著家長要求購買。

(5)企業案例

當你來到具有 140 多年歷史的北京全聚德烤鴨店用餐,會發現這裏的烤鴨並不便宜,但在感受到店裏深深的文化底蘊後,你便不會心生抵觸。

烤鴨端上桌以後,服務員會拿給你一張「烤鴨紀念卡」。「1.48 億」說明你享用的是全聚德賣出的第 1.48 億隻烤鴨;括弧中的「清」字說明從清朝的 1864 年起,就有了全聚德烤鴨店;後面的數字代表你所享用的是這家店賣出的第 105240 隻烤鴨。小小一張證書充分反映了全聚德特殊的文化行銷氣氛。

全聚德認真記錄每一隻鴨子的來源、技術、數量(彰顯自己的個性)。

滿足了消費者的食用需求和精神需求。烤鴨紀念卡上的數字會顯示顧客是全聚德的第多少位食客,如果遇到特殊的數字,就更有意義了。另外,卡的背面還有「農墾農產品品質追溯號」,意在讓顧客放心享用。

全聚德已經有 140 多年歷史,烤鴨技術本身就是一種非物質文化遺產,烤鴨紀念卡提煉了這種文化,同時又向社會傳播和回歸了這種文化。

生動性:全聚德將紀念卡製成明信片,便於收藏和傳播。

公益性:全聚德對自己的解讀本身就帶有公益性——全而無缺,聚而不散,仁德至上。

2003 年春天，全聚德以其歷史故事為背景，投資 500 萬元拍攝了電視劇《天下第一樓》。節目播出後的兩個月裏，人們越來越無法抗拒記憶中烤鴨的美味誘惑，紛紛跑到全聚德一飽口福。一時間，全聚德幾乎店店排隊，北京全聚德各店鋪客流量上升 58%，7 天賣出 1000 萬元，銷售額增加 62%，相當於多過了一個黃金週，不但使全聚德獲得巨大利潤，更喚回人們對全聚德的關注，可謂名利雙收。這就是文化行銷的有力證據。

四、線下實體商家要加強銷售服務

要增加顧客體驗，令顧客滿意，增加更多成交機會。對於零售業的店鋪促銷來說，要進行服務促銷，就有售前服務、售中服務、售後服務三個方面，我們通常稱之爲「服務促銷三部曲」。

（一）售前服務未雨綢繆

所謂售前服務，就是開始營業前的準備工作。零售業的許多服務項目顧客購買商品過程開始之前，就需要進行精心的設計和安排。

廣義的售前服務幾乎包括了除售中服務、售後服務以外的所有商品經營工作。從服務的角度來說，售前服務是一種以交流信息、溝通感情、改善態度爲中心的工作，必須全面仔細、準確實際。售前服務是零售企業贏得消費者良好第一印象的活動，所以服務員提供服務時應當熱情主動，誠實耐心，富有人

情味。

如果零售業能夠做好售前服務工作，就可以做到未雨綢繆，節約經營成本，減少不必要的損失。這正如生產產品一樣，如果一次就把產品設計、生產好，就可以省掉重做和廢料的成本。

因此，優質的售前服務不僅能夠減少不必要的損失，還可以達到促進和提升企業形象的目的，而且可以使顧客更加滿意，能夠吸引新顧客，留住老顧客，培養忠誠顧客，使他們成爲企業未來銷售收入的主要來源。由於獲得這些顧客的成本非常低，也就必然會使零售企業在經營業績上領先於競爭者。

（二）售中服務讓顧客稱心

售中服務又稱爲銷售服務，在買賣過程中，直接或間接爲銷售活動提供的各種服務。

現代商業銷售服務觀點的重要內容之一，就是把商品銷售過程看做是既滿足顧客購買慾望的服務行爲，同時又是不斷滿足消費者心理需要的服務行爲。

售中服務有時候甚至被零售業視爲商業競爭的有效手段。零售業的經營者應該充分重視對售中服務過程的研究，將售中服務當成一個大有潛力的管理課題，常抓不懈，向服務要市場，向服務要效益。

零售業的售中服務，就是要讓顧客在購買商品的時候，除了讓顧客滿意之外，還應該讓顧客買得稱心，真正爲顧客著想，使顧客覺得商店確實在考慮他們的利益，從而樂意接受商

店的服務，將口袋裏的鈔票掏給你。

（三）售後服務讓顧客放心

售後服務是爲已經購買商品的顧客提供各項服務。新產品劇增，商品性能日益複雜，商業競爭日漸激烈的今天，商品到達顧客手中，進入消費者領域之後，商店還必須繼續爲顧客提供一定的服務，這就是售後服務。

售後服務可以有效地溝通和顧客的感情，獲得顧客寶貴的意見，以顧客的親身感受來擴大企業的影響。它最能體現商店對顧客利益的關心，從而爲企業樹立富有人情味的良好形象。

售後服務作爲一種服務方式，內容極其廣泛。如果說售中服務是爲了讓顧客買得稱心，那麼售後服務就是爲了讓顧客用得放心。

五、商品的體驗過程，引導顧客購買

以服飾店而言，試穿的體驗是成交的必經之路，要想提高成交率，就要提高試穿率。留下顧客，才有更多的機會提高試穿率；試穿率提高了，成交率才有保障，從而才能提升店鋪業績。

平常的內衣門店銷售中，遇到很多顧客就是不讓門店銷售人員進試衣間的情況，很多門店銷售人員就不知所措，只好在門外很著急地等著，為什麼會這樣？

顧客進試衣間前──做好兩件事，要打消對方的疑慮，這

些在異議處理中都講述得差不多了，其次，要化解對方的害羞心理。

何謂害羞？因膽怯、怕生或怕被人嘲笑而心中不安，感到不好意思，或難為情。其實，害羞是一種正常的反應。最常表現為臉紅、目光四處遊移、聳肩、坐立不安等，這些都是人害羞時的典型表現。對害羞的人而言，這種感受是痛苦的，是不想再次經歷卻又無法廻避的，同時又是難以解釋的。

以內衣門店為例，很多女性除了自己的老公或孩子之外，幾乎沒有別人見過她裸露的身體，因此很多顧客不願意讓門店銷售人員一起進入試衣間。因為她害羞或者懼怕別人的嘲笑！因此我們首先要想辦法打消顧客的種種疑慮，並化解她的害羞心理。

不管門店銷售人員是否按流程做，但自信很重要，只有我們自己自信了，才能讓顧客感受到我們的自信，也因此受到感染。

內衣門店銷售中經常遇到顧客不讓進試衣間的狀況，要學會合理解決，如果不用專業指導顧客，顧客會覺得我們和其他任何品牌一樣，那麼附加值就很難體現出來；萬一遇到不讓看的顧客，「我先脫、我也脫給您看」或許是最好的方式。

把顧客當朋友，取得對方的信任比什麼都重要。

六、實體店工匠精神

顧客購買的不是商品，而是商品所帶給他們的滿足感，商品只是滿足的一個載體。

極致的產品會讓消費者的滿足感無限放大，那怕價格昂貴，人們仍然在所不惜，仍然會趨之若鶩。

「鼎泰豐」是台灣的餐飲品牌，「鼎泰豐」的小籠包價格高昂，一屜小份兒的小籠包有五個，其中蟹黃的售價 88 元，而一份兒松露的售價高達 168 元。

「鼎泰豐」一家店曾在一天內接待了超過 3000 名食客，翻台率最高紀錄是 19 次。對比國內生意最火爆的餐飲店，「海底撈」生意最好的時候能夠翻台 7 次，「快火鍋」呷哺呷哺翻台次數最多能達到 8 次以上。「鼎泰豐」做的小籠包被稱為「全球第一包」，被美國《紐約時報》評選為全球十大餐館之一。

如今在台灣的各種旅行套餐中，「鼎泰豐」已經成了一個不可繞過的景點，就連著名影星湯姆・克魯斯都專門跑到「鼎泰豐」學習如何製作小籠包。

原本是江南地區傳統美食的小籠包，何以名揚天下？最核心的秘訣是產品過硬。

「鼎泰豐」小籠包製作過程的每一個環節都充滿了匠心（見表 2-1）。

表 2-1 「鼎泰豐」的產品製作標準

原料標準	1 麵粉，一直由固定供應商提供，價格比市面上的普通麵粉高出許多
	2 做蛋炒飯用的米，都是經過特別挑選，是來自東北的精米。「鼎泰豐」內部還專門設置了一個職位負責挑米，一粒一粒挑揀，所有的殘米都要挑出來
	3 豬肉。是專門指定商戶養殖的指定品種，採購的必須是活豬。這意味著，鼎泰豐還要專門配置一些屠宰、分切崗位
	4 蟹粉。店內最受歡迎的蟹黃小籠包裏面的蟹粉也不是現成的，而是採購陽澄湖的大閘蟹回來後，有專人去負責摘出蟹黃
溫度標準	「鼎泰豐」的每樣餐點都有標準化作業程序(Standard Operation Procedure，SOP)，且每個環節都規定了標準「溫度」，例如元盅雞湯和酸辣湯的最佳溫度是85℃，才不至於燙嘴，肉粽則必須提高到90℃，確保豬肉塊兒熟透
重量標準	主打產品小籠包製作標準極其嚴格，必須堅持「5g的皮兒，16g的餡兒，18個褶兒，總重量要達21g，入蒸籠4分鐘後才可上桌」的標準。每個包好的小籠包，重量只允許0.29的差距，為了確保產品的標準化，包前的原材料和包完的成品都要測量

在「鼎泰豐」，每個員工都要學會觀察顧客的一舉一動，據此猜測他們的想法，目的是做到「想在顧客之前」。例如，在「鼎泰豐」的新員工培訓裏，有一項「聽筷子掉落」的特殊訓練課程，服務員要學會根據聲音辨別筷子掉落的方位，並且趕在顧

客呼喊服務員之前的第一時間給客人送過去。

在「鼎泰豐」看來，這就是剛剛好的服務。所謂剛剛好，是一種恰到好處的優雅與熱情，沒有殷切過頭，沒有為了服務顧客而絞盡腦汁，有的是及時送達顧客所需、令顧客欣喜的獨特體驗。

七、壽司之神是「用心」二字

在日語中，「匠」稱為「Takumi」，意指耗費大量時間、精力、資金，以極致的技術打造器物。從江戶時代以來，歷經幾百年的錘煉，「匠人精神」已然成為日本製造業走向繁榮的重要支撐，是日本商業精神的象徵。

匠人做事務必「用心」，用心做產品，用心服務顧客。

任何事情，都怕「用心」，只要「用心」，就沒有做不好的事業。

線下實體商家在服務上的用心，幾乎到了無微不至的程度。

顧客在商店買好東西，收銀員在小票上蓋好章後，會仔細用吸油紙按在上面，吸走油墨，防止其他物品被染色。在餐廳就餐，營業區裏的服務員一直在忙，卻也能隨時看到餐巾紙只剩半盒並及時塞滿，並保持整整齊齊。搬家服務人員非常貼心，在搬運客人的物品前，他們會提前把大樓裏的走廊通道，以及電梯內都裝上保護塑膠板，來防止刮傷物品，而且還會在樓道處寫上「工作中給您造成的不便，請多見諒」。

在超市，具有坡度的貨架可以自動補貨。在商場，分別準

備擦拭雨具與身體的毛巾，都在默默中傳達著對顧客的尊重與體貼，也在昭示著商家的用心。

很多考察過的商家，回國後也紛紛效仿增設了兒童手推車、急救藥箱、手機加油站、寵物看管等服務設施。

不過是僅限於硬體設施上的改變，而非從內心感受出發，從細節上以顧客需求為視角的關注卻還遠遠不夠，因為顧客感受不到他們的真心和用心。

商家的真心和用心，有些人或許會感到不解。心想在當今一日千里的 Internet 時代，我們那有那麼多時間、那麼多精力去長年累月重覆做一件事兒，那有那麼多心思去精心打磨一些細節。

這種思維方式讓我們不能專心一處，我們迷茫，我們浮躁，沒有耐心，不去用心。心總懸著，最終卻竹籃打水一場空，一事無成。

偉大在於能夠長時間忍受平淡枯燥的工作，艱巨的事業和任務則來源於漫長時間的堅持與積澱。

「你必須愛你的工作，你必須和你的工作墜入愛河……即使到了我這個年紀，工作也還沒有達到完美的程度……我會繼續攀爬，試圖爬到頂峰，但沒有人知道頂峰在那裏。」日本「壽司之神」小野二郎曾經這樣說。

今年 91 歲的小野二郎，一生絕大多數的時間幾乎都在用心做壽司，對壽司，他已經熟悉到了骨子裏，什麼樣的壽司選用什麼樣的原料，什麼樣的溫度、濕度下用什麼材料，什麼火候兒做出的壽司才最好吃，等等，這些都已經成為他的一種本能。

但在小野二郎看來，他要走的路還很長，「道」還在前方，等著他去探索。

　　這就是日本的匠人，他們將工作場所視為道場，精進技能，砥礪心性，探索人生，磨煉靈魂。

　　或許你無法言明初心，但整個世界都能看到你的用心。

第 **3** 章

提高線下實體店的轉化率

傳統實體商店如何結合網路銷售方式，是今後經營大方向，而轉化率更是重中之重。轉化率意味著客戶進入運營者的電商銷售平臺後，客戶完成購買行為。

對於電商運營者來說，較高的轉化率無疑是一種理想的狀況。電商運營者要想實現盈利目標，就需要提高轉化率，具體作法可參考下列：

一、搜索有相關性的匹配關鍵字

電商的一個顯著特點就是被動性。它不像線下店鋪那樣可以主動展示在客戶的面前，而是只能在客戶進行搜索之後被動地出現在客戶面前，如此一來，電商運營的效果也就與客戶的搜索情況直接聯繫起來。顯然，如果電商店鋪的名字中包含著

關鍵字，也就更容易被客戶搜索到，從而獲得更高的購買率，實現盈利目標。

客戶在電商平臺購買產品時，其目的非常明確。因此，客戶在搜索產品的時候，也就會自動遮罩無關選項。比如客戶想要購買一件羽絨服，那麼客戶就不會關注鞋子、褲子等資訊。而且，客戶搜索商品的時候，輸入的關鍵字肯定是「羽絨服」。有些客戶可能有自己想買的特定品牌，因此他們在搜索商品的時候，還會帶上商品的品牌名稱。

如今的搜索引擎已經達到智慧化狀態，所以當客戶輸入關鍵字之後，就會彈出與之相關的推薦資訊。而此時，客戶一般會在眾多的推薦選項中選擇標題最清晰的選項。也就是說，單品關鍵字越清晰，越容易得到客戶的關注，也就越有可能提高客戶的轉化率。

現在有一個很火的名詞叫作「熱搜榜」。凡是上了熱搜榜的辭彙，不論在哪一領域內，都會得到較高的關注度。

所以，電商運營者在為自己的店鋪設置關鍵字的時候，可以利用熱門辭彙來提高搜索的可能性。

二、權威轉化的資質認證

要想提高電商運營的轉化率，借助權威也是一種可行的方法。總結六點容易讓客戶做出購買行為的因素，分別是互惠性、稀有性、權威性、與承諾的一致性、投其所好、共識與社會認同。由此可見，權威性對於客戶購買行為的影響是確定無疑的。

由於線上電商是通過圖片的形式向客戶展示產品的，而非實物的形式，所以客戶容易對產品的品質等因素產生懷疑。當線上電商店鋪的權威性有了保障之後，客戶的懷疑度就會相應降低。這樣，客戶的轉化率也就提高了。

隨著互聯網的發展，越來越多的客戶將購物行為從線下轉移到了線上：這對於電商運營者來說，無疑是一種好的現象，因為線上購物拓寬了他們的市場。但是，這也讓一些從事網路欺詐的不法分子有了可乘之機，不可否認的是，如今的釣魚網站，以及網路欺詐行為越來越多。所以，客戶對於網路購物行為也變得越來越謹慎了。

針對這種情況，經過國家有關部門認證的資質證書，是最具說服力的內容。總而言之，對於電商運營者來說，凡是能認證的都要進行認證。這樣做只有好處沒有壞處。可能不同的地區其認證要求和流程有所不同。電商運營者可以向當地有關部門諮詢後再具體辦理。

三、找名人推薦

為了提高客戶的轉化率，還可以借助名人推薦的方法，即多找大咖背書，多找名人站台。

如今，各大品牌紛紛聘請明星代言人，贊助各大熱門節目，其目的都是為了借助名人效應，實現較高的客戶轉化率。

打開電視或任何的視頻播放器，都會看到各種明星代言的產品廣告。除此之外，電商平臺中更是推出了明星同款產品，

而這些產品往往都能取得較高的客戶轉化率，獲得較好的銷量。

電商運營者要想提高客戶轉化率，可以通過聘請名人代言的方式，也可以通過推出名人同款產品來實現，在借助名人效應。在現實生活中，名人的身邊總是簇擁著一大群粉絲，他們以追逐名人的愛好為樂趣，將名人的審美標準當作自己的審美標杆。在這種心理的驅動下，他們自然也就會將購買、使用名人同款產品作為最高的追求。

四、善用模特圖片

模特的完美身材加上白皙皮膚的高顏值，常常第一眼就吸引了客戶。而且，模特的樣貌和身材都是很多愛美人士，特別是立志減肥者所嚮往的，因而帶來強烈的視覺衝擊。如果商家運用得當，就可以借模特傳遞出產品的內涵，讓產品對客戶的視覺衝擊更加強烈，突出產品優勢。

當消費者在隨意流覽購物頁面時，看到一個個靚麗的模特展示著這些女裝，這些模特就是商家進行產品展示的有效武器。

模特在服裝行業中影響力是巨大的，人氣高、顏值高的模特能夠讓產品供不應求，從而實現產品的無限轉化。電商可以採用模特圖的方式，讓自己的產品達到「好衣配女神」的效果，多維度展示自身的商品。

當消費者在隨意流覽購物頁面時，看到一個個靚麗的模特展示著這些女裝，這些模特就是商家進行產品展示的有效武器。

商家為了讓產品有更好的視覺效果，經常會將拍攝地點選

在超市、大街等生活氛圍較為濃厚的地方,讓模特在這些地方隨意街拍或者是自拍,讓客戶看到非常自然的使用場景,這樣就會增強帶入感。總之,電商想要實現產品的視覺轉化,可以邀請一些模特或者是網路紅人為自己的產品進行宣傳,多拍攝一些模特圖,增加產品的視覺美感,提高產品的視覺轉化率。

五、收集好的評論

例證法也是一種權威轉化的方式,電商運營者將好的評論搜集、整理,製作圖示並將其放入詳情頁中,能夠在很大程度上佐證產品的權威性。

對電商來說,客戶的評價非常重要。好的評價能夠讓其他客戶看到產品的品質和品質,有利於對產品有一個詳細的瞭解和認識,能夠幫助有產品購買意願的人更詳細地瞭解產品,促成產品購買,提高客戶的轉化率。

如果電商能夠從眾多評論中挑選出一些好的評論,並將其做成圖片放在詳情頁中,就能夠在一定程度上證明店鋪的權威性,從而提高客戶的轉化率。

六、讓客戶感覺賺到了

錯覺轉化也是一種提高轉化率的有效方法,電商通過讓客戶在產品購買的過程中產生一種「自己賺到了」的錯覺,來增加產品成交的機率。

設置臨界價格是商家進行錯覺轉化的一種常見方式。商家通過將產品的價格設置成臨界價格，如 99 元、198 元、399 元等鄰近整百但是卻少一元、少兩元的形式，給客戶營造一種視覺誤差，認為產品的價格並不高，減少產品價格對客戶的壓力，讓客戶感覺自己賺到了，從而願意購買產品，促成產品的轉化。

在實際的產品銷售中，商家大多都使用這一定價方式。這種方式以臨界的數位來緩解客戶購物的壓力，以看似較低的成本刺激客戶的消費欲望。而且店鋪在使用它時，形成的視覺誤差也會打造店鋪的個性化，輕鬆達到產品的推廣效果。

店鋪設置臨界價格的方式方法多樣，既能夠對客戶形成超強的吸引力，也能夠使客戶的選購方式更加多元化。

可以發現，定價「99 元」和定價「100 元」的效果是有很明顯的差別的，99 元的定價會在心理上給客戶形成一種錯覺，讓客戶認為產品不到一百元，很是划算；但是 100 元、300 元這些定價，就會讓客戶從心理上感覺比 99 元、299 元貴上許多，這就是臨界價格給客戶帶來的錯覺。

事實上，99 元和 100 元，299 元和 300 元只是相差 1 元，但是在心理上就會給客戶兩種不一樣的感覺，客戶很容易就認為 99 元的產品要比 100 元的產品便宜得多，所以，在實際的購買中會更容易傾向於 99 元的產品。

電商運營者在給自己的產品定價時，就需要瞭解和掌握產品臨界價格給產品銷售帶來的影響，這樣會使產品對客戶有更高的吸引力，也大大有利於產品的銷售。

七、附攀型：當紅巨星 XXX 都在使用的產品

權威轉化中的攀附型也是提高客戶轉化率的一種有效的方法，電商通過向客戶傳達「我們產品當紅巨星 XX 都在使用」「XX 明星代言」等資訊，能夠讓客戶相信產品的權威性，從而促成產品的售賣，提高客戶的轉化率。

因此，電商運營者在推銷產品時，產品如果有明星為其代言，在社會上有一定的知名度，就可以直接對客戶說「XX 是我們的代言人，有他代言，說明產品的品質都是有保證的，您就放心購買吧」。利用攀附明星的權威效應來應對客戶對產品的疑慮，完成產品的權威轉化，從而促成產品的售賣。

給出一個非買不可的理由，文案是電商在運營過程中的一大重要因素。產品的文案寫得精彩傳神，就能夠給顧客一種眼前一亮的感覺。

八、不滿意，全款退還

承諾後果法是一種有效的文案轉化方法。商家通過在文案標題中使用類似「不滿意，全款退換」的承諾，讓客戶心中對購買產品的行為產生安全感，從而願意放心購買產品。

電商運營者在使用承諾後果的方式做文案標題的轉化時，一般要特別注重產品的使用功效，因而這種文案標題的轉化方式通常適用於一些能夠給客戶帶來顯著效果的產品，如減肥食

品、運動器材、服飾等。

　　從銷售場景看，客戶線上購買產品還是比較看重售後服務問題的，電商在使用這一方法時，需要非常重視產品的售後。當客戶對產品有疑慮時，電商能夠承諾後果，提供「不滿意，就退款」的服務，疑慮型的客戶就會減少或打消對產品的擔憂，選擇購買該產品。電商在使用承諾後果法撰寫文案標題時應該注意，其做出的承諾應該讓客戶信任，除了正常的「七天無理由退換貨」等承諾法之外，電商還可以向客戶承諾「凡在本店購買的產品，一年之內可以到任意實體店進行保養服務，且完全免費！」等，讓客戶打消顧慮，從而願意購買有承諾的產品。

　　線上商品在售賣時，如果產品打上「不滿意，就退款」等承諾後果的標籤，就會使產品銷售變得很容易。畢竟人們對於產品是有需求的，當產品沒有滿足自己的需求時，可以享受退款的服務，自己沒有任何損失，相比一些沒有承諾後果的產品，客戶自然傾向于有售後保證的產品。

　　因此，電商在進行文案標題轉化時，可以在文案中做出產品使用後果的承諾，為客戶減輕顧慮，促成產品的銷售，實現文案標題轉化的最終目的。

九、30 萬客戶都在使用

　　電商運營中，佐證法是指文案標題利用側面的一些證據來證實產品的效果或品質的方法。這一方法的最終目的是讓客戶看到產品的優點，從而實現產品的售賣，促成轉化率的提高。

產品的文案標題中類似「30萬名MM都在使用」、「這是XX明星都說好的產品」，就是運用佐證法來間接證明產品的品質和效果。

產品在銷售過程中，有時需要某些證據去證明它的品質和品質，比如用一些可觀的銷售資料，或者是用一些行業內更好的產品去證明等。總之，在產品的宣傳文案中，一定要用比較特定、明顯的資料和對比產品來佐證，這樣，才能將其品質和性能突顯出來，給客戶一個非買不可的理由。

產品銷售過程中，電商的店鋪必須保證產品品質，產品品質是宣傳的基礎。對待同一件商品，客戶最關注的是其品質，如果產品的品質出現問題，客戶就不會再相信產品宣傳文案中的一系列證據，將產品打上不合格的標籤，直接影響產品的銷售。電商運營人員首先要保證產品品質，之後在文案中強調產品的品質，並且給客戶更加有說服力的證明，這樣，客戶才能對產品放心，願意購買。

使用佐證法來進行產品的文案標題轉化時，需要保證用以證明產品品質的證據強而有力，如「20萬MM都在使用」、「月銷售額為300萬」、「和行業第一比肩的產品」，等等，在標題中將產品最顯著的優勢表現出來，幫助產品在客戶心中留下好印象，最後促成產品銷售。

十、知名品牌、銷售冠軍、口碑最佳

在文案中列舉產品的一系列銷售資料，向客戶傳遞產品十分暢銷、品質和口碑上乘的訊息，從而吸引客戶對產品的關注，實現文案內文的轉化。

電商運營者在使用擺資料法時，一般都會運用到「知名品牌、銷售冠軍、口碑最佳」這三個與產品銷售相關的核心要素，用產品在品牌中的名聲、銷售量以及客戶對產品的口碑進行文案宣傳，從而實現產品的售賣。

電商運營者在做文案的內文轉化時就需要將店鋪的成績盡可能多地用資料的形式向客戶展示，比如是行業中的知名品牌，排名是多少、店鋪獲得銷售冠軍的產品、口碑最佳的產品資料等，幫助店鋪提高知名度，將客戶購買產品的理由具體化、形象化，促成產品的銷售。

十一、要找出具體的使用案例

親身感受法也是指電商運營者通過在文案內容中使用具體客戶使用產品的案例來讓其他客戶感同身受，從而願意嘗試購買相關產品。

電商在撰寫這類文案時，要注意借用一些客戶使用產品的案例。如支付寶曾經推出了一則《十年帳單》的文案，裏面加入了很多客戶的親身感受，將客戶體驗表現得淋漓盡致，讓客

戶充分感受到了產品的情感特徵,對其產生了更深層次的產品需求。

　　讀了這一文案之後,客戶大多會感同身受,這就是文案內文轉化中親身感受法所起的作用。既然這一方法在轉化過程中能夠發揮一定的作用,那麼電商運營者在使用這一方法時,應該從哪些方面入手呢?下面就為大家介紹一下。

　　電商運營人員在使用親身感受法撰寫文案時,需要抓住受眾的情感需求,這有利於調動客戶對產品的情感需求,也能夠使自身的產品與客戶的情感產生共鳴,從而將客戶與自己的產品捆綁在一起,達到產品銷售的目的。

　　在文案內文的轉化過程中,抓住受眾的情感需求需要電商運營人員花費很大的精力,如劃分客戶的範圍、分析客戶的特點、找出他們的痛點、結合產品的特性進行產品的分析等,這些都需要運營人員做好事前準備。因此,電商運營人員在使用這一方法實現文案的內文轉化時,需要相當程度的耐心和細心,將全部的身心放到產品和產品的情感延伸上去,從而實現產品轉化率的提高。

　　電商在售賣自身的產品時,對產品進行描述是最基本的工作,這項基礎工作在文案撰寫時必不可少。在對商品進行描述之前,需要對商品有一個全面的瞭解和分析,這樣才能找到產品的最佳賣點,吸引更多的消費者進行購買。

　　在做產品描述時,應將產品的整體特點和細節進行詳細描述,讓消費者對產品有一個具體、形象的認識。在文案的撰寫中,還要將產品的特點和亮點突顯出來,達到讓客戶看一眼就

能夠產生購買欲的效果。

在文案的撰寫中，常常會發生有寫得文縐縐和寫得像塊鐵一樣實的情況，原因就在於文案人員缺少更多的生活閱歷和精彩的文筆，所以在商家和消費者之間無法達到平衡。華而不實的文案只能帶來流量，不能實現產品的售賣，對電商的發展沒有實質性的幫助；蹩腳的文案，語句都不通順，更難讓消費者對產品買單。

電商運營者在文案撰寫的過程中，需要注重文案的實用性，將促成產品的銷售作為文案撰寫的第一目的，找到寫作的重點。

十二、產品場景化，給予視覺刺激

視覺在人們購買產品的過程中發揮著重要的作用，視覺轉化也是一種提高轉化率的有效方式。在視覺上給予客戶刺激，用好景配好貨，更容易獲得客戶的青睞，從而增加產品的銷量，實現轉化率的提高。

產品場景化，就是將產品放在特定的場景中。如售賣的產品是刀，那麼在拍攝產品的圖片時，就需要將產品放在砧板上拍攝。通過這種方式，將產品和其使用場景充分表現出來，給客戶以視覺上的刺激，吸引客戶的注意。

產品特性化是視覺轉化的一種有效方式。電商可以通過圖片向客戶展示產品的特性，如為了展示菜刀的耐用性，商家可以用刀斷鐵釘作圖；為了表現產品的鋒利，可以使用菜刀切極

薄透明肉片的場景。強烈的視覺衝擊會讓客戶對產品的特性有非常深刻的印象，從而增加產品銷售的幾率。

再以菜刀產品為例，電商在表現菜刀產品鋒利的特性時，可以在整幅產品圖片中，用菜刀切一些難切的東西作為產品的主要展示畫面，如排骨、魚頭等，並且在圖片的下方打上「不崩口，不累手」的字樣，給客戶形成非常強烈的視覺刺激，將產品鋒利的優點充分地展現出來。通常情況下，這種產品展示圖會給產品和店鋪帶來相當可觀的點擊率和轉化率。

因此，電商在使用這一方式進行視覺轉化時，需要多借助產品的使用場景進行圖片的拍攝，將產品和其使用場景結合起來，給客戶一種自己擁有產品、使用產品的場景預存感，幫助產品實現場景化的轉化。那麼如何在圖片拍攝中實現產品的場景化呢？

電商在產品售賣的過程中，首先要對自身的產品有詳細的瞭解，如使用功能、品質狀況、能夠滿足客戶的哪些需求等，要將這些產品的優勢進行分析和篩選，找出產品的最大優勢，將產品的最佳賣點找出來，然後在圖片中對最佳賣點進行展示。

產品想要拍出場景化的圖片，就需要對其使用場景進行尋找和分析，一般來說，產品都會有特定的使用場景，如菜刀的使用場景是在砧板上切食材，榨汁機的使用場景是榨果汁等。通過對產品使用場景的尋找，挑選出能夠表現產品最佳賣點的場景，製作視覺效果最佳的產品效果圖，來吸引客戶的關注。

在上面兩個步驟的基礎上，電商還需要將產品和場景進行有機的結合，因為產品的使用場景有多個，想要達到最佳的產

品使用場景圖，就需要對其使用場景和產品進行匹配和篩選，在篩選過程中，運營人員應該多角度、多方法進行產品的拍攝，力求取得最佳的效果。

電商運營人員應該在表現產品場景化的過程中，做到產品與場景的有機結合，在圖片中對產品賣點和優勢進行集中展示，為客戶呈現出一種視覺衝擊力非常高的場景化產品圖片，實現產品的視覺轉化，最終促成產品的銷售。

分析這種圖片的功效，其實就是產品圖片的拍攝凸顯了其特徵，將產品的賣點進行集中展示，讓客戶在視覺上被其吸引，最終實現產品的售賣。

十三、贈品展示，買刀送刀架

商家在實現產品的視覺轉化時，使用贈品展示也是一種非常有效的方式。如在圖片中展示「買刀送刀架」、「買蛋糕送賀卡」等贈品，就更能凸顯出產品的性價比，比較容易獲得客戶的關注，增加產品銷售的幾率。

線上商品進行圖片展示時，使用贈品很容易吸引客戶的目光，從而抓住客戶的眼球，使得產品銷售的過程更加順利。因此，電商運營人員在進行視覺轉化時應該適時採用贈品促銷的方式。

在選擇贈品時要保證贈品的實際品質，採購正規的產品。如果沒有嚴把品質和品質關，在售後部分發生消費者投訴問題，就會直接影響品牌商的聲譽及後期促銷活動。

在贈品展示中，即使消費者對好的贈品沒有過多的讚美之詞，但劣質產品同樣會使消費者在後期的使用過程中對商家產生不好的印象，而且這種不利的影響是長久的，對於產品的二次銷售帶來很大的負面影響。

電商在使用贈品展示方法進行產品的視覺轉化時，需要對贈品挑選把握好分寸，這樣才能使贈品展示的方法發揮出最佳的效果，呈現出產品的視覺效果，吸引到客戶的關注和青睞，最終實現產品的視覺轉化。

十四、曬出銷量資料，好貨看得見

在電商運營中，商家向客戶展示產品的總銷量也是一種常見視覺轉化方式。商家通過曬出產品的銷量資料，向客戶傳達「好貨看得見」的資訊，促使客戶產生購買欲，完成產品的視覺轉化。

客戶有從眾心理，客戶在購買產品時，大多數的時候都會受到從眾心理的影響。

電商在售賣產品時，如果能夠將產品的銷量擺在客戶面前，那麼客戶自然就會從資料中看出產品的品質和性能。

在產品銷售過程中，電商通過搜索結果導入的流量越多，其產品的銷量就越高，產品展示圖中的銷售資料也就越大。在消費者看來，有這樣高銷量的商品肯定錯不了，基於這樣的判斷也符合從眾心理。

電商運營人員想要提高產品的視覺轉化率，就需要對產品

的銷售量進行展示，運用超高的產品銷售總量，幫助產品做好展示說明，證明產品的性能和品質，最終實現較高產品的轉化效率。

十五、廠家自產自銷，一件也是批發價

降價也是提高轉化率的一種方式。電商運營者利用降低產品價格的方式，來吸引顧客下定決心購買產品。這種降價轉化的具體表現有折扣、換購等形式，它能夠直擊客戶的底線，對客戶產生了強大的吸引力。

電商運營者在使用降價轉化時也可以向客戶打出「批發價」的口號，直擊客戶的底線，讓客戶感受到產品的超低價格，實現產品的低價轉化。在產品的銷售過程中，批發價的促銷活動開展的基礎就是自產自銷，即直銷的模式。商家通過將產品以批發價的價格進行銷售，能夠使產品在價格上佔據極大的優勢，促成產品的大量銷售。

電商如果能夠根據行業實際情況和自身的實力與經營狀況，對直銷的促銷模式加以開發和利用，也能夠為產品大量銷售打開更為宏觀的局面。

當賣家打出「廠家直銷」或「自產自銷」的口號來出售產品時，消費者就會特別傾向於此時購買產品，認為這種情況下產品是最低價，願意在商家打出「批發價」時購買產品。在進行低價轉化時，也可以使用這一方式進行產品的銷售，讓客戶享受到產品的批發價，以最優惠的價格購買產品。這種方式轉

化的好處是以公開的低價吸引消費者,將「一件也批發」的優
惠條件讓渡給消費者。

十六、會員制大優惠,會員 8 折

會員制是商家在產品銷售中籠絡客戶的一種方式,消費者
成為店鋪的會員,就能夠享受商家為其提供的相應優惠。隨著
電子商務的發展,會員制度也更多地出現在電商促銷方式中。

對於商家來說,一方面,會員制可以有效管理會員,分析
會員的消費資訊,進而引導會員產生後續消費行為,促成產品
的轉化;另一方面,還可以通過會員介紹其他人的方式,聯繫
到另一個或多個客戶,擴大商家的會員資源,從而實現更多客
戶的轉化。

電商想要獲得較高的轉化率,除了新客戶的不斷開發,還
要對老客戶進行維護,增加老客戶對店鋪的黏性,利用會員制
度留住老客戶的心。

電商運營者在打造會員體系時,需要以會員的實際利益需
求為出發點。在收集會員資訊後,要充分地分析會員的真實利
益需求,站在會員的角度,合理規劃產品的行銷計畫,提高客
戶體驗,完成低價轉化的最終目標。

十七、公司 5 周年慶典，全網 7 折起

慶典是商家進行產品降價的一種節日紀念性的優惠形式。商家常常會利用自身的慶典為消費者提供一些折扣，如「公司 5 周年慶典，全網 7 折起」、「三周年慶典，全場五折起」等活動，以此來慶祝店鋪的成立和吸引客戶的關注與購買。

電商在打出慶典的口號時，客戶都會特別關注這種折扣時機，通常會在電商慶典的前一周時間內關注產品，將其放入自己的購物清單。而電商使用這一方式能夠為產品促銷打出有一定理由的口號，幫助產品進行名正言順的促銷。

十八、限量促銷，開業大促銷，僅限 300 件

在錯覺轉化中，限量發售也是商家常用的形式之一。通常，新店在開業時會為了提升知名度和業績，都會使用限量供應的促銷手段。商家通過限制商品的銷售數量，給消費者營造一種產品供不應求的錯覺，用「物以稀為貴」的道理激起消費者的購買欲望，從而實現產品的銷售，提高客戶的錯覺轉化率。

從消費者心理來說，搶不到的才是最好的。限量促銷除蘋果公司外，小米的饑餓行銷也在業界頗為有名。以小米的饑餓行銷為例，分析一下它使用限量銷售的具體方法。

(1)宣傳造勢

在新品發佈之前，小米最先做的就是產品的宣傳造勢。各

種爆料的資訊會迅速在網路上引爆，小米新品會不出意料地成功登上熱門話題榜首。

(2)召開發佈會

小米會召開新品發佈會，利用互動、視頻直播、BBS 發貼／跟貼的各種形式進行全方位網路行銷。

小米邀請三位代言人為紅米新品站台。發佈會成功將米粉對新品的期待提升了多個梯度，未售先熱才是饑餓行銷要達到的效果。

(3)預約預售

召開發佈會之後，米粉還需要等待一段時間，時間越長越增加人們對小米手機的關注度。預約期相當於在正式搶購前增加了一個小環節，進一步提高了產品在等待期的被關注度。

(4)正式搶購

在正式搶購前的半小時，早已經有米粉進入小米官網，擺好了搶購的衝刺姿態。為了提高成功率，於是就團結所有能團結的朋友、同學、同事都幫助自己搶購。可惜，大多數米粉到頭來卻還是什麼都沒有搶到，只好等待下一輪搶購。憑藉「饑餓行銷」的搶購模式成功佔領手機暢銷榜榜首。

(5)米粉活動

搶購模式當然不是小米饑餓行銷的終結，米粉活動是繼搶購新品後的另一個行銷重頭戲。米粉節是小米為感謝米粉的支持而舉辦的答謝活動，活動期間米粉可在小米官網以優惠價格購買小米產品。

限量供應與饑餓行銷都是在商品供應端對消費者製造緊張

氛圍，好東西大家都想得到，但不容易得到才能實現商家預期的搶購效果。

最後，在限量銷售過程中，商家要保持商品的緊俏性和稀缺性，這樣才能讓沒買到的消費者有購買欲望，實現客戶轉換率的提高。

十九、明星同款，賣的就是特色

產品有特色，才能吸引客戶的目光和興趣。通常，在市面上比較稀缺的產品都是有特色的產品，比如，淘寶中的一款明星同款就能有幾萬、十幾萬的銷量，其產品賣的異常火爆，產品的特殊性成為客戶追捧的最大理由。

賣同款是電商進行特色轉化的一種有效方法。

電商在提高自己產品銷售量時就可以選擇形象健康、高顏值的明星作為代言人。利用明星和電視劇的熱播效應，推出明星同款等口號，為自身產品做特色宣傳，以此促進產品的銷售，實現產品的特色轉化。

電商可以搜集社會上最火的明星和娛樂熱點，利用粉絲對他們的追捧，打出「XX 明星同款」、「XX 電視劇同款」的口號，以此來吸引粉絲和觀眾的關注，促成產品的銷售。之所以出現這種現象，是因為明星有種「光環效應」。

電商在提高自己產品銷售量時就可以選擇形象健康、高顏值的明星作為代言人。利用明星和電視劇的熱播效應，推出明星同款等口號，為自身產品做特色宣傳，以此促進產品的銷售，

實現產品的特色轉化。

二十、全店正品,承諾假一賠百

承諾法是電商通過向客戶承諾「全店正品,假一賠十」等方式,向客戶傳遞一種產品可以放心購買的信號,以此促成產品的銷售,完成產品的特色轉化。

不考慮其他因素的影響,消費者以成交價購買商品,理應是分量十足,品質過硬的產品或服務,但現實情況卻十分複雜。假冒偽劣、制假售假等現象既擾亂了市場經濟的正常運行,也損害了消費者的正當權益。

因此,針對消費者擔心自己購買的產品有品質問題的情況,商家就以此為產品銷售的切入點,突出「正品」這一特性,將其作為產品的賣點,這會在很大程度上刺激品質敏感型的消費者對產品的購買欲望,從而完成產品的銷售。

商家在使用承諾法時,只有保證產品的品質,為其提供不同於其他產品的特色,才能吸引更多客戶關注並購買,從而實現產品的特色轉化。

二十一、化整為零法,每天不足 20 元

化整為零是銷售人員經常採用的逼單方法之一,這種方法的核心就是將產品的高價格轉化成低價格,如把一件價值 2000元的產品轉化為「每天不足 20 元錢」,這樣客戶就會更容易接

受產品，願意下單購買產品。客戶在購買產品的過程中，對價格是非常敏感的。電商運營者如果想要將產品順利地賣出去，就要讓顧客產生「只需要很少的錢就可以獲得商品」的想法，這樣會使客戶買單的行為變得更容易些。

這種化整為零逼單方法的核心要點就是小單位報價法。這種報價方法就是採用產品的最小單位替代大單位，如一台冰箱的價格是 5980 元，但是客戶只需要在一年裏每個月花費 500 元就能夠將其帶回家。

實際上，這種方法就是一種分期的價格策略，產品的單價雖然高，但是用最小的單位分化總價格，就能讓顧客在心理上更容易接受產品的價格，進而促成產品的銷售，成功實現訂單的轉化。

二十二、從眾法，本月賣了 3000 件，大家都在買

從眾心理是人們在購買產品時的一種普遍存在的心理，電商運營者如果能夠正確地對客戶的這種心理加以分析和利用，就能夠在很大程度上實現產品的售賣，提高訂單的轉化效率。

電商運營者在對產品進行銷售時，通過告知客戶「本月賣了 3000 件了，大家都在買」、「產品供不應求，現在已經有 200 人在預定了」等資訊來引起客戶的從眾心理，營造一種產品供不應求的現象，促使更多客戶的購買。

在心理學中，從眾心理指的是個體受到外界大眾行為的影

響，從而使自己的感知判斷能力表現出和大眾行為相一致的方式。社會上有很多人的獨立意識並不強烈，所以從眾心理引導從眾行為是很常見的一種現象。

在從眾心理的表現中，「跟隨大多數人的腳步」是從眾式購買心理的核心要素，擁有這種消費心理的客戶對周遭的社會環境十分敏感，他們經常會跟隨時代的發展趨勢，既不會落後於他人，又不會太過標新立異，主動去引領時尚的潮流。所以，他們往往會去購買大眾都認為很時尚並且都會購買的東西，以此來滿足自己的心理需求。

如果電商告訴客戶「這款產品賣得很火」，那麼客戶就會增強購買產品的欲望，這種想法充分體現出客戶的從眾消費心理。

在電商運營中，很多客戶在網購時都會去參考一下產品的銷量和好評指數。因為僅僅通過店鋪的產品介紹和圖片所得到的資訊是不夠全面的，所以，在決定購買前，客戶都會去參考店鋪的好評率。

電商運營者向客戶展示的產品好評越多，其好評率越高，就越能在客觀上向客戶傳達一種產品有很多人購買的資訊，這種方法既能夠證明產品的品質，也能夠刺激客戶的從眾購買行為。

第 **4** 章

如何分析銷售報表

　　企業經營像人體一般，不但在治療疾病前須先詳加診斷，就是平時為了企業的持續成長，也該隨時作全面的例行檢查，以求企業體的保健。企業診斷的道理既相同於人體診斷，但人們在健康時多不願接受例行性的診斷。待有病時又因諱疾忌醫的心理作祟，而不敢向醫師求診，等到必須看大夫時，往往毛病嚴重。所以任何公司行號，務必繼續不斷地實行定期企業診斷。憑其診斷成果，謀求業務的穩定和發展。

一、診斷店鋪，對症下藥

　　人生病了要看醫生，醫生透過望、聞、問、切的方法幫你找到病因，並對症下藥，就能祛病恢復健康。

1. 店鋪診斷，對症下藥

店鋪診斷是一種有效的店鋪管理方式，是店鋪的日常管理工作之一，是店鋪業績提升的一種有效管理手段。對店鋪進行「望、聞、問、切」，找到阻礙店鋪發展的關鍵癥結，並開出藥方。

在店鋪中投入很多人力、物力、財力，卻達不到預期的收益。貨品琳琅滿目，顧客卻就是不買，轉圈走人，到隔壁家去買同樣的貨品！面對這些問題，管理者卻無能為力，獨自搖頭，看著一天天的支出付諸東流，我們心如刀割。

由於每個店鋪的經營策略不同、方向不同，實施效果也是參差不齊的，因此沒有統一的診斷標準，店鋪必須根據自身的實際情況，不斷地自我檢查、自我完善。店鋪的經營戰略不應該是一成不變的，應該根據店鋪的發展變化進行有針對性的調整，這樣才能夠實現戰略與戰術的統一，如果戰略制定脫離了店鋪經營的實際情況，那麼它將是空洞的，沒有實際意義和作用，因此為了能夠即時調整戰略，提高店鋪的經營績效，店鋪需要定期且長期進行自我診斷，發現問題、改善問題。店鋪診斷的意義如下。

當店鋪發展受到阻礙時，唯有對症下藥，店鋪診斷是幫店鋪經營識別方向、理清脈絡、確定取捨。

透過實地診斷，我們可以全面瞭解店鋪情況，從而發現提高銷售業績的機會；根據診斷的問題制訂行動計劃，並將計劃有效落實。

2.店鋪診斷的魚骨圖分析法

店鋪診斷過程中，在分析時應注意以下幾個問題：

(1)清楚明確地確定問題；

(2)尋找出阻礙成功的 3 個障礙；

(3)總結出有助於成功的 3 個方法；

(4)制訂並確定行動計劃；

(5)將行動計劃貫徹落實。

利用魚骨分析法(見圖 4-1)，可以清晰地展現店鋪各個部份的問題所在。但是魚骨圖診斷法存在很多常見的錯誤，如：

(1)過於發散，不能用 KPI 印證；

(2)重點與非重點環節混淆；

(3)邏輯不清晰；

(4)缺乏事實檢驗。

圖 4-1　店鋪診斷魚骨圖分析法

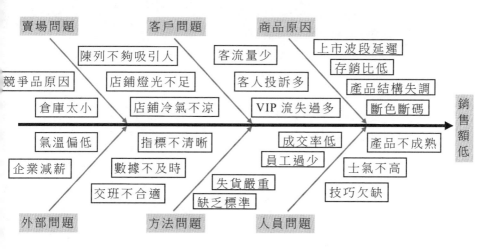

表 4-1 店鋪診斷內容表

立地診斷 內容	①店鋪所處商圈 ②商業街主要競爭對手 ③客流動線 ④影響營業額的重要指標
商圈診斷	商圈的構成因素： (1)商圈週邊環境(百貨、廣場、超市、體育館等) (2)交通情況劃分(人流向、車流、公交系統、週邊停車位及 　交通暢通) (3)所在區域的定位(商業區還是居民區) (4)消費群體的定位(職業、年齡) (5)商業氣氛(競爭對手、店鋪面積)
客戶診斷	(1)顧客的年齡階段 (2)顧客的消費能力 (3)顧客選擇那家競爭品 (4)顧客的忠誠度 (5)顧客購物習慣 (6)客流發源地
貨品診斷	(1)招攬顧客的商品是什麼 (2)那些商品是顧客需要的 (3)有那些商品可進行搭配 (4)商品採取的價格策略
業績診斷	(1)庫存報表一業績保障 (2)銷售報表一業績來源 (3)類比比率一業績提升 分析的內容包括： ・ 如何使店鋪庫存結構更合理 ・ 銷售走勢分析和暢銷款分析
店鋪診斷	店鋪診斷可分為兩種，由外向內看和由內深入看 店鋪診斷的內容見表4-2

表 4-2　店鋪診斷的內容

由外向內看	顧客選擇進入店鋪的首要因素，取決於店鋪能否吸引顧客。由外向內看的內容如下： (1)人流量及流向 (2)觀察店鋪外招、門口及店鋪外部廣告 (3)櫥窗陳列是否新穎 (4)店鋪燈光合適嗎 (5)員工的精神面貌如何 (6)店鋪是否飽滿 (7)促銷內容是否清晰、顯眼 (8)店鋪熱鬧與否
由內深入看	顧客進店後購買慾的強與弱，取決於店內的「環境舒適度」，因此不管是在「淡場」還是在「旺場」，都要考察如下內容： (1)店員的精神面貌 (2)店鋪衛生狀況 (3)活動宣傳POP (4)陳列是否合適 (5)動線規劃是否合理 (6)銷售氣氛是否活躍 (7)店員的服務如何 (8)店員的推薦能力怎樣 (9)收銀工作如何 (10)店員團隊協作怎樣 (11)店長在做什麼

店鋪形象容易出現的問題	①門頭的色彩與形象不夠統一 ②門頭燈光暗淡，內部燈光過亮或過暗，射燈燈光沒有照射在模特或者衣服上 ③店鋪動線設計不合理，留不住顧客 ④模特的擺放位置不夠協調，層次感不夠強，沒有突出展示主題的系列組合效果 ⑤貨場佈局凌亂，沒有按照系列、色彩、功能進行分類，收銀處的桌面比較亂，破壞品牌形象，欠缺終端店鋪運營管理規範體系 ⑥試衣間的形象與店內不統一，內部凌亂、配置不到位等 ⑦新品的POP展示不合理，不能起到新品展示的目的、達不到品牌形象的廣告效果 ⑧店內道具欠缺合理的規劃，影響店內的展示形象 ⑨店鋪內所播放音樂與品牌定位、風格不符合 ⑩店鋪內有異味：飯菜味或是空氣不新鮮

二、銷售報表分析的方法

如何從店鋪的關鍵數據中發現此店鋪的問題？要透過銷售
數據分析表來進行分析。

表 4-3　某店鋪兩週比較報表

數據項	本週	上週	同比
銷售件數	47	93	-49.40%
銷售金額	11963	18471	-35%
購買客人數	31	57	-45.60%
平均附加銷售率	1.5	1.62	-7.40%
平均件單價	269	205	31.20%
平均客單價	395	324	22%
進貨總數量	292	631	
期末庫存	1560	1319	

根據數據，你會發現什麼問題？數據分析如何入手？應從
下降指標和銷售額入手進行分析。經過分析推斷為：

①對 VIP 客戶的管理要加強。

②新品推廣不到位。

③員工跟進不及時。

④應找出聯單下降的原因。

三、店鋪報表分析的重點

嚴格的報表制度，可對作業人員產生束縛力，督促他們克服惰性，使之工作有目標、有計劃、有規則；嚴格的報表制度也有利於賣場加強對各類數據的管理，能夠系統地、直觀地反映賣場經營運作中存在的問題，有助於賣場決策層進行科學的決策和賣場管理。

1.店鋪銷售日報表

銷售日報是每日銷售活動的第一手資料，各營業店當天銷售的情況都顯示在該記錄中，這是最快也是最直接提供給配銷中心補貨的參考資料。分析日報表的目的如下：

①終端店鋪個人銷售跟蹤依據。

②各主要店鋪的銷售表現及產品類別銷售結構分析的依據。

③用於價格帶、連單率、平效、人效的計算和分析。

④與去年同期銷售進行比較。

⑤競爭品的同日銷售狀況分析與比較。

店鋪銷售日報表應該顯示的信息：單品銷售信息及排名、店鋪成員銷售信息、當天客流情況、競爭品信息、庫存信息、其他補充信息和個人銷售信息幾大部份內容，報表欄目不是固定的，在每部份內容中經營者可根據實際需要來設置細分內容。表 4-4 中的內容可供經營者借鑑使用。

表 4-4　日報元素表

日報表欄目	包含的內容
單品銷售信息	商品名稱、商品編號、商品數量、顏色、價格、折扣、實績、陳列區域等
銷售狀況	當日銷售信息、目標達成率、當週累計信息、去年同期比、去年同期累計
來客狀況分析	光顧人數、購物人數
競爭品信息	品牌名稱、上市新產品、銷售額、去年同期比
庫存信息	昨日庫存、今日調入、今日調出、退貨
其他補充信息	如當日發生的突發事件、顧客投訴處理等信息
個人目標完成情況	店鋪中每個銷售人員的目標及達成情況

2.店鋪銷售週報表

店鋪銷售週報表是反映店鋪一週的銷售信息的報表，因此內容需要加以歸納和分析。銷售週報表的作用如下：

①週區域性各主要店鋪的銷售表現及產品類別銷售結構分析依據。

②用於進行新上貨品不到一週的銷售分析及市場回饋。

③各主要色系的銷售趨勢分析依據。

④用於價格帶、連單率、平效、人效的計算和分析。

⑤與去年同期銷售進行比較。

⑥競爭品的同週銷售狀況分析與比較。

⑦前十名是否加單；後十名是否需要調整打折；滯銷原因。

店鋪週銷售報表的具體元素如表 4-5 所示。

表 4-5　週報元素表

週報表欄目	包含的內容
週銷售信息	週目標預算、實績、目標達成率、去年同期比、去年環比
本月累計	月預算、實績、達成率、去年同期比、去年環比
競爭品信息	競爭品牌名稱、實績、去年同期比、去年環比
本週概況	問題與成績
重點報告內容	顧客、競爭品、商品、賣場、暢銷品、滯銷品的情況
下週對策	商品對策、銷售對策、陳列對策

某店鋪相鄰兩週內的銷售報表，透過這兩個報表的數據，我們如何發現此店鋪的問題以及具體怎樣改善？

3.店鋪銷售月報表

店鋪銷售月報表是反映店鋪一個月的銷售信息的報表，透過每月銷售目標與每月實際銷售達成(實際銷售＝銷售額－退換貨或者其他)對比(即達成率是多少)，找出達成率低或沒有完成銷售目標的原因，必須在下個月進行改正；找出達成率非常高或超額完成銷售目標的原因，之後在銷售工作中不斷地複製及改進。

表 4-6　月報元素表

月報表欄目	包含的內容
進銷存統計	每月的銷售實績、原價銷售、原價進貨、原價庫存
計劃執行狀況	各指標如銷售實績、原價銷售、進貨、庫存等的預算、實績及達成率
顧客購買數據分析	來店人數、購買人數、購買率、客單價、平效的分析
本月概況	對於成績及問題的分析
重點報告內容	顧客、競爭品、商品、賣場、暢銷品、滯銷品的情況
下月對策	商品對策、銷售對策、陳列對策

銷售月報表的作用

①預算計劃不修正，是否可以良性推進？

②需要明確下個月的工作內容是什麼。(應該強化的商品、應該處理的商品等)

③用於價格帶、連單率、平效、人效的計算和分析。

④月區域性各主要店鋪的銷售表現及產品類別銷售結構分析依據。

⑤用於進行新上貨品一月內的銷售分析與市場回饋。

⑥用於進行季節店鋪銷售變化及產品類別銷售結構分析。

⑦各主要色系的銷售趨勢分析依據。

⑧與上一年同期銷售進行比較。

⑨用於進行競爭品銷售跟蹤分析。

　　透過某月或者截至某日的各貨品(品規)進貨結構，可以全面瞭解該客戶總體進貨是否合理，是否存在過度回款現象(即通常所說的壓貨)，同時也可全面瞭解各貨品之間的進貨是否合理，是否與公司的重點貨品培育目標一致，是否存在個別貨品回款異常現象。

　　透過每月銷售情況，可以全面瞭解公司的每月銷售總體情況及各貨品銷售結構以及在某階段時期內的銷售增長率、環比增長率等，從而發現有望實現銷售增長的品種。透過銷售回款比可以及時發現銷售失衡的品種，為尋找原因、採取有效措施爭取最佳時機。

　　透過對庫存結構的分析，可以發現現有庫存總額以及庫存結構是否合理，透過庫存銷售比可以判斷是否超過安全庫存，如果庫存過大，那麼過大的原因何在，是否與分銷受阻、競爭品有關。這有利於銷售主管及時採取措施，加大分銷力度，降低庫存，避免庫存貨品因過了期而產生退貨風險。對低於安全庫存的產品，要加大供貨管理力度，避免發生斷貨現象。

四、店鋪銷售報表的診斷分析內容

店鋪銷售分析的診斷內容如表所示。

表 4-7　終端店鋪銷售分析診斷內容

診斷內容	①店鋪日常運作流程 ②店鋪收銀操作流程 ③店鋪促銷管理流程 ④店鋪目標管理流程 ⑤店鋪報表管理流程和店鋪數據管理流程 ⑥店鋪現金管理流程 ⑦店鋪發票開具流程 ⑧競爭品牌調查流程 此板塊主要是診斷以上八大銷售流程是否標準，是否能有效執行
容易出現的問題	· 銷售目標不清晰，因此也缺少跟蹤系統，無法實施考核 · 缺乏對競爭對手的調查分析 · 銷售日報及週報填寫比較簡單，缺乏解讀信息，因此無法分析銷售數據的問題點、整體銷售的完成率、對比分析、客人分析的狀況、商品整體的走勢、客人的連單率、VIP的銷售分析、競爭品的分析、庫存的狀況、賣場的銷售動向等，不能從銷售數據中分析隱藏的問題，最終導致銷售目標不清晰，貨品存在的暢銷及滯銷問題不能及時發現和解決，連帶銷售不到位

表 4-8 店鋪銷售分析評核表

進行檢核時評價因素	評分等級				
	優良	佳	普通	尚可	差
1　店鋪目標設置、分解是否合理	5	4	3	2	1
2　有關銷售管理的績效，與庫存管理的關聯是否充分	5	4	3	2	1
3　對於滯銷品的處理，是否事先擬定了銷售對策	5	4	3	2	1
4　對銷售管理、顧客管理、進貨商管理的關聯是否把握住了	5	4	3	2	1
5　有關銷售日報、週報、月報的業績數據是否齊全，是否作了整理和分析	5	4	3	2	1
6　在銷售分析上，是否針對商品銷售數量與金額來進行	5	4	3	2	1
7　做商品構成採購計劃時，是否充分活用了銷售記錄資料	5	4	3	2	1
8　在做銷售分析時，是否深入考慮了顧客的需求性	5	4	3	2	1
9　銷售管理系統的規劃，是否與責任人作了充分溝通	5	4	3	2	1
10　在商品促銷的運用上，選擇陳列道具是否適當	5	4	3	2	1
11　在商品展示效果的表現上，是否能充分考慮庫存狀況	5	4	3	2	1
評價標準　a.合計49分以上為「良好」 b.合計30～40分要「檢討、改進」 c.合計30分以下要「立刻改進」 考核在b和c項時就要開展店鋪教練	評價：		合計分數：		

五、銷售報表分析的關鍵指標

　　店鋪經營數據是店鋪的真實反映，每個數據都是終端店鋪運營的晴雨錶。把握了數據就可以時時瞭解店鋪的進展情況，發現店鋪存在的問題。透過報表分析，可以增強對終端的有效控制。掌握終端店鋪最直接最有效的數據，成為企業終端的行銷利器。

　　認識店鋪核心指標前，我們先看一個店鋪銷售額公式：

　　店鋪銷售額＝商場街道客流量×進店率×深度接觸率×試衣率×試穿客單件量×成交率×客單價×回頭率×轉介紹率

表 4-9　店鋪內常見數據

銷售金額	店鋪的實際營業額
銷售數量	銷售數量的高低，能體現出客流量的多少
交易數量	交易數量低，可以分析出可能影響交易數量的因素是客流量低、員工銷售技巧不到位、產品知識瞭解不到位、不瞭解客人需求而抓不住客人
平均件單價	平均件單價＝總銷售金額/總銷售件數，平均件單價反映出銷售的貨值情況，影響因素包括價格帶、銷售技巧、員工是否會推高貨值、公司對推高貨值是否有激勵等
銷售金額	店鋪的實際營業額
平均客單價	平均客單價＝總銷售金額/購買人數
平均附加銷售率（聯單）	平均附加銷售率＝總銷售件數/總購買人數
同期比	同期比＝（本週數據－上週數據）/上週數據，反映出本週銷售量比上週增長或者下降的趨勢
環比增長率	環比增長率＝（本週金額－上週金額）/上週金額

第 5 章

向銷售目標推進

　　如果客單價太低，成交率只是個數字而已。因此，必須增加顧客體驗，提高成交率。

一、增加顧客體驗，把客單價做大

　　如果客單價太低，成交率只是個數字而已。因此，必須增加顧客體驗，提高成交率。

　　對於試穿一件衣服的顧客別想進入我的試衣間，如何做到呢？

　　有很多顧客在試衣服，並且效果極好，只是大多數顧客是單件進試衣間，只有少數人是一套進試衣間。

　　此時，不妨對顧客說：「為了讓您更好地感受這件上衣的穿著效果，建議您與這條褲子一起搭配試穿。」

　　大部份顧客都不會拒絕，因為你是 100%地站在顧客的角度著想。70%的顧客會立刻進入試衣間。

　　銷售是講概率的，要假設每個顧客都會買連單。消費不會讓一個人變貧窮，只會讓他更有動力。

　　但是，成交率上去了，營業額就一定很高嗎？並非如此。

　　如果客單價太低，成交率只是個數字而已。因此，在提高成交率的同時。必須提升客單價。判斷一位門店銷售人員是否經驗豐富，這兩個指標起著重要的作用。成交率高但客單價低，說明門店銷售人員銷售熱情十足、激情百倍，但缺乏大額商品的銷售經驗，所以成不了大單。客單價高但成交率低，說明門店銷售人員重視大顧客，有豐富的大額商品銷售經驗，但並不重視小單顧客的接待。如果一名門店銷售人員成交率與客單價都高，則說明他不僅銷售心態積極，而且銷售技巧嫻熟。

　　對於客單價方面，對門店每一位銷售人員從週一到週日的銷售情況進行記錄，數據如下：

表 5-1　平均一週客單價總表

姓名	某A	某B	某C	某D
平均客單價	300元	460元	650元	700元
成交人數	7人	14人	20人	29人
銷售總額	2100元	6440元	13000元	20300元
本店本週營業額	41840元			

　　如果我們要達到本週所分解的銷售目標 52000 元，按目標成交人數 80 人計算，客單價目標就要達到每人 650 元。按每週

成交人數 80 人計算，每天的平均成交人數就是 12 人。成交人數 12 人，如果是 85%的成交率，每天的試穿人數就是 14 人。如果要保證每天試穿人數 14 人，按試穿率 85%計算，每天進店人數就是 17 人。據此，我們計算出每天的最低業績目標為：進店人數 17 人，試穿人數 14 人，成交人數 12 人，客單價 650元。該目標可以保證我們完成最低銷售任務。

透過比較，發現客單價未能達標的楊某和趙某，在銷售過程中沒有養成推薦連單商品的習慣，也不知在何時向顧客推薦連單銷售品。於是整理出了提升客單價的銷售重點。

表 5-2　如何提昇客單價

情景	顧客情景	門店銷售人員如何應對
顧客決定購買時	顧客已經為自己購買了全套內衣	「您還可以給自己的先生和小孩各買一套。我們買200送50的促銷活動只有3天了，過了優惠時間，就沒這麼好的省錢機會了。我再幫您選一套適合您先生的吧。」
顧客在收銀台買單時	顧客已經決定好購買的物品，在收銀台付款	「我們的小褲是純棉的，有12款顏色。您可以帶上幾條給自己和家人呀，價格很實惠呢。」
為顧客找零錢時	顧客購買的物品需要找零的金額較小	「剛好是294元，您如果沒有零錢的話，可以購買一雙棉襪，既溫暖又舒適。」
顧客的單價接近辦VIP卡時	顧客購買的客單價接近VIP卡辦理的金額	「先生·您剛好消費了628元，如果您消費到650元就可以成為我們尊貴的VIP會員了；會員可以積分和換購禮品。我建議您再買一條單褲。」

二、別讓銷售目標變成口號

　　銷售是店面管理的核心，目標的實現是衡量店長所有工作的最終依據。可是，隨著終端競爭的日趨激烈，大家會發現目標是越來越難實現了，工作是越來越難做了。

　　銷售目標設定得並不高，也分解到人了，而且也合情合理；激勵的力度也很大，店員們也很努力，可為什麼還是完成不了任務？

　　店面銷售目標的達成也是一樣，需要把目標數字變成可以落地的動作，需要對動作進行規範和提升，需要用一定的方法讓大家的動作時刻保持最佳狀態，需要讓每一個動作都達到最佳效果，最終透過眾多動作的完成和積累來實現總目標。

　　以店面促銷為例，銷售目標的實現，除了宣傳與推廣、活動的策劃與執行、產品組合與價格競爭等要素之外，剩下的便是怎樣提升簽單率的問題，因為再好的策劃和推廣，再多的顧客進店，最終都離不開店員的推動。

　　大家是否發現，促銷時導購員對產品的介紹往往和平時是一樣的，甚至連某些促銷產品的賣點都不熟悉，結果便用責怪顧客的方式來迴避自己的不足：「現在的顧客越來越難搞定了，這麼便宜的產品居然只是看了一眼就走掉了。」殊不知，失掉顧客的原因是自己對產品不夠瞭解，對促銷品的介紹不夠到位。所以，促銷產品介紹的專項訓練是必須進行的一項工作，建議可以從以下 4 個方面落實動作：

1.挖掘每一款促銷產品的賣點

產品賣點的挖掘可以採取腦力激盪的方式來完成,從原材料到技術特點,再到款式設計的風格特色,從使用方法到顧客便利,再到品牌、價格以及售後等,都要挖掘出對應的賣點,然後對這些賣點進行歸納和總結,並編纂成話術,要求每位導購員熟背下來,固化下來,以達到熟能生巧的境地。

2.對顧客異議設定應對答案

針對每款促銷產品,找出顧客可能存在的顧慮和異議,然後針對這些顧慮和異議設定應對答案,既要設定應對的話術,又要標註每一句話術的背景及其作用,然後要求所有導購員熟背這些話術,直至變成自己的表達方式。

3.設定產品介紹關鍵點技巧及輔助道具

除了產品介紹話術和顧客異議應對預案之外,還要針對產品介紹的過程設定關鍵點技巧和相關道具使用。例如,在介紹櫥櫃抽屜的阻尼功能時,先要自己反覆抽拉兩次,然後再讓顧客模仿自己的動作各重覆一次,讓顧客透過自己的動作增強對阻尼的感受,這就是體驗環節關鍵點技巧的設定。再例如,在介紹地板表面耐磨性的時候,不能只是一味地口頭表達如何耐磨,而是要借用刷子等道具的現場測試增強說服力,這便是設定輔助道具環節的特殊作用。

4.實戰演練,提升技能

在以上三個方面準備好之後,必須要求導購員之間進行相互演練,這樣做一方面可以提高大家的實戰操作能力,另一方面又可以在演練中改進並提高技能,使每一位導購員都能夠充

滿信心地面對顧客。

三、如何達成商店的銷售目標額

設定合理的銷售目標，將總體目標分解到各層次、各部門甚至具體到個人，形成目標體系。透過合適的手段予以實施，並關注最終結果。

如何從企業的大目標分解到店鋪，再分解到每個人的工作目標，有了目標分解才可能落實到每一成員並透過執行最後落地。

目標分解到部門：目標應一層一層地分解到各部門，使各部門都清楚自己的工作目標。

對策展開：對策展開就是制定實現目標的具體對策措施，對策展開是在目標分解的基礎上進行的。只有將目標展開，使各層次的目標都有實現的對策措施，並在實施中落實這些措施，才能保證目標的實現。

明確目標責任：明確目標責任，是在目標分解、協商的基礎上，根據每個部門和每個人的工作目標，明確其在實現總體目標中應該做什麼、要協調什麼關係以及要達到什麼要求等，把目標責任落實下來。

實行有效的授權：實行有效的授權目的是減少上級管理人員的負擔，提高企業的生產經營效果。授權就是要培訓下級管理人員，不斷提高他們的管理水準。

商店目標額的設定要有現實的依據，有實現的可能性。這

樣才能激發員工的工作積極性，努力達成銷售額，提升店鋪業績。

（一）給自己設定銷售目標額

目標管理是透過目標和準則執行考核，改善商店經營業績成果，並關注店員的能力和心態發展的管理。目標有些由公司設定，有些需要店長設定。國外很多公司的商店，都是讓店長自己給自己定業績。原因很簡單，員工自己參與制定的業績比公司制定的業績，更讓人有奮鬥意識，因為那是一種對自己能力的考驗。

目標設定很容易，但要把目標落實下去就不是一件簡單的事。目標能不能落實下去不在於店長有多能幹，而在於店長能不能讓團隊中的每個人把這個目標當作己任來完成，這才是最關鍵的。

設定完目標，就要對目標進行定期考核，考核的目的是看目標在每一次執行中達到了什麼樣的效果，然後再根據實際情況對目標進行適當的調整。在這個過程中，店長的主要工作是溝通與激勵。跟公司溝通，保證貨品供應的及時；跟店員溝通，讓大家齊心協力、全力以赴去工作。最有效的激勵不是物質上的獎勵，而是隨時隨地的誇獎。所以，店長在管理過程中一定要養成隨時誇獎店員的習慣，這才是促進大家積極工作最好的方法。

（二）銷售目標額的分解

首先要參考去年同期的銷售額。其次要考慮是否有促銷和廣告，如果有的話，在參考去年同期的銷售額時就要將這個因素考慮進去，這樣新目標與實際銷售也就不會有太大的偏差。

第一，準備該月份「每日銷售目標表」。將該月的銷售目標分為四等，即該月內每個星期各佔一份，將每個等份按照一定比例分配，並把結果寫在「每日銷售目標表」上。

第二，準備參考資料，如該月的節日、天氣等。

第三，準備過往營業數據，如上月每日營業額、去年同月每日營業額等等(如去年同期為 20 萬，今年增長 10%，則目標為 22 萬)。

第四，如果有該月份大型推廣活動時間表，可一併考慮在內(如有促銷一般能增加 10%的營業額)。

第五，從參考數據中找出一星期七天營業額所佔比例，如星期一至星期四各佔 12%、星期五佔 16%、星期六及星期日各佔 18%，總共 100%。

第六，將該月的銷售目標均分四等份，該月內每星期各佔一份，將每等份按照上述比例分配，結果寫在「每日銷售目標表」上。

第七，參考節日、天氣、大型推廣活動等資料，調整分配出來的數字，至滿意為止。

第八，至此，該月份的「每日銷售目標表」大致上完成。

第九，核對。「每日銷售目標表」上總和應該等於該月的銷售目標，如有偏差，適當分配調整數字使之一致。

所謂目標的分解，不僅要將目標分解到季、月、週、日，還要將它分解到不同的營業時段，如第一時段是開門營業到下午三點，第二時段是下午三點到晚上六點，第三時段是晚上六點到晚上十點。將目標從季分到月，從月分到週，從週分到天，從天分到每天的四個時段，相信員工一定能完成目標。

分解目標時要注意，給員工設定的目標要參考這個員工已往的成績和銷售能力。對於經驗充足的員工，讓他自行訂立目標；對於經驗不足的員工，由店內人員輔助其訂立目標。

員工的目標往下分解的時候，要根據每個人的實際情況，不能實行平均分配。店裏面總會有新來的員工，如果按照人頭平攤的話，新員工會面臨目標不能達成的情況。例如一個商店裏面有 5 個導購，他們的業績肯定不一樣，有些人可以做到整個商店業績的 30%～40%，有些人再怎麼努力，即便做了很長時間也做不到那麼多。所以，對能力不強的員工要經常培訓、訓練，同時還要多鼓勵、多幫助，這樣才能使他們得到提高。

（三）目標跟進

目標跟進分為目標跟進和業績跟進兩種。

對確立的目標作跟進記錄，並回饋給員工；不斷把員工的即時業績回饋給員工本人，以促進良好的銷售氣氛，及時解決銷售過程中的問題。

業績跟進的步驟如下：

①收集資料。收集員工在工作過程中的現象資料。

②觀察。在一邊觀察項目的實施情況，並針對操作進行記

錄。

　　③資料整合。整合文本及觀察相關項目實施的資料，找出執行過程中的優點及不足之處，想好教練方式，思考如何與員工進行溝通。

　　④回饋。將結果回饋給實施者，並針對個人實施教練。例如：

- ‧A 現在已經完成了 5000 元的業績。
- ‧B 完成了 500 元的業績，還需要加油。
- ‧C 已經達成了 2000 元的業績，會員卡銷售了 2 張，還差 1 張。
- ‧對主推款 A、B、c 都做了推動，共售出 4 件。
- ‧主推款 A、B 都作了推動，但是還沒有售出，主推沒有成功的原因是什麼？要思考一下。

（四）對店鋪的營業目標進行管理

　　銷售目標管理就是透過設定合理的銷售目標，對其進行合理的分解，透過合適的手段予以實施和監控，並關注最終結果和評估的一種管理過程。

　　店鋪銷售目標可分為很多種。從時間上分包括年度、月銷售目標；從類別上來分具體分為銷售額目標、銷售費用率目標、銷售利潤目標和其他的一些指標。其中銷售額目標指公司向各個區域市場下達的銷售額任務，以出貨額或量計算；銷售費用率目標是指公司規定每個區域的產品或總體市場拓展費用佔該區域同期銷售額的比重，具體包括條碼費、助銷物、廣宣品、

贈品、促銷品等及其他零散的小額市場拓展費用。

1.分解銷售目標

①在規定的時間內分解。例如：某企業規定每月 2 日 17：30 前，行銷總經理、區域經理必須將下月銷售目標和費用目標分解到下屬的區域經理、業務主管、業務人員及經銷商處，行銷總經理及區域經理對所轄區域的費用率進行統籌分配。

②逐級分解。例如：某零售公司要求每月 9 日 17：30 前，將下屬填好的下月任務分解表或目標責任書、月網路拓展計劃、月宣傳促銷品申請表、區域月費用計劃表、區域促銷實施方案進行認真審核，並上報銷售管理部。

③分解五要點。分解目標要高於下達的目標；保證分解目標既有挑戰性，又有可執行性；便於控制管理；分解到每一天；目標要進行日點檢。

2.簽訂銷售目標責任書

規定的時間。例如：某零售企業每年 12 月 31 日前，銷售管理部確定各區域的年度、季銷售目標和費用率，由行銷總經理、總經理審批，並由銷售管理部以公司文件的形式直接下達給各省部和直屬區域。

具體確認銷售目標。例如：某零售企業每季第三個月 5 日前，由省部和直屬區域經理向銷售管理部上報下季銷售目標確認書和分解表，經銷售管理部評審、溝通與調整，由行銷總經理審核，總經理審批。

目標責任書簽署。例如：某零售企業每季第三個月末，由區域經理簽署季銷售目標責任書，並經銷售管理部經理確認，

由行銷總經理簽字生效。

3.審核銷售目標

限定目標分解表等報表時間。例如：某零售企業要求區域經理的各類報表必須在規定的時間內上報，每超時一天扣罰薪資 200 元，由銷售管理部做出書面處理決定，由財務部從其下月薪資中直接扣罰。

按照標準上報報表。例如：某零售企業要求報表必須符合公司規定的統一電子文檔格式，不符合格式的報表視為無效，並要求重新上報，如因不符格式重新填寫而導致超時上報，仍然按照標準扣罰責任人薪資。

審批時限。例如：某零售企業要求銷售管理部於每月 11 日 17：30 前，完成對各區域上報的下月目標分解計劃、費用分解計劃及其他報表的匯總，經銷售管理部經理審核，並由行銷總經理於每月 14 日 17：30 前，完成審批。

銷售目標內部要求。例如，某零售企業要求銷售管理部於每月 15 日 17：30 前，必須將審批後的下月區域月費用計劃表回傳至各區域，同時將各區域的下月任務分解表送財務部，作為核算各區域績效獎金的依據。

4.實際評估銷售目標

銷售目標進度上報。例如：某零售企業要求各區域經理必須於每週一 17：30 前，填寫本區域的上週銷售週報，並上報至銷售管理部。

銷售目標總結報告。例如：某零售企業要求各區域經理必須於每月 7 日 17：30 前，填寫本區域上月的銷售月總結報告、

區域月費用實際執行情況報告和本月新增零售終端報告,並上報至銷售管理部。

達成率統計。例如:某零售企業要求財務部於每月 5 日 17:30 前,完成對各區域上月的銷售額目標完成率和累計銷售費用率數據的匯總統計。

財務檢核。例如:某零售企業要求財務部於次月 6 日 17:30 前,確認上月銷售額目標完成率未達標和累計銷售費用額度超標的區域名單,標明其目標完成率和銷售費用率,並傳至銷售管理部。

銷售目標評估。例如:某零售企業銷售管理部根據財務提供的銷售數據和區域經理上報的總結報告,對區域的上月目標完成情況進行評估,如果各區域上月所轄經銷商某品項實際庫存嚴重超出規定的庫存限額,則庫存超出部份不計入區域上月的銷售額。

5.考核銷售目標

(1)達成率考核

例如,某零售企業規定:銷售目標完成率未達成 70%,第一月,扣薪 10%;連續兩個月,降薪一級;連續三個月,降薪兩級;連續四個月,降職一級;連續五個月,則予以免職。

(2)費用率考核

例如,某零售企業規定:累計銷售費用超過額度的 10%,第一個月,扣薪 10%;連續兩個月,降薪一級;連續三個月,降薪兩級;連續四個月,降薪三級;連續五個月,降職一級;如費用超標嚴重,則予以免職。

⑶銷售目標完成率超標考核

例如，某零售企業規定：如果連續兩個季累計銷售目標達成率超過 130%，則提薪一級；如果年度累計銷售目標達成率超過 130%，則提薪兩級。

⑷銷售目標未完成考核

銷售管理部根據對各區域的評估結果，於次月 8 日前對目標完成率未達成 70%或下季 8 日前對累計銷售費用額度超標的責任人，做出扣薪、降薪、降職或辭退的處理決定，並報行銷總經理批准。

⑸處理決定

管理部根據行銷部總經理的審批意見，以公司文件的形式公佈對有關責任人的處理決定，並將決定傳給被處罰責任人，並報行銷總經理批准。

四、向目標跟進

表 5-3　店鋪目標考慮因素

店鋪的目標是：		
將目標變成一個有效率的計劃，你需要：		
1 5W1H，使計劃清晰		
2 列出完成計劃的「瓶頸」，列出解決方法，並就解決方法進行事先確認		
瓶頸（制約因素）	解決辦法	確認結果
3 有無彈性		
4 列出優先順序了嗎？		
5 向有關人員表達工作標準和期望了嗎？		
6 事先同合作者充分溝通了嗎？		

目標跟進分為目標跟進和業績跟進兩種。

①業績跟進的步驟如下：收集員工在工作過程中的現象資料。在一邊觀察項目的實施情況，並針對操作進行記錄。整合

相關項目資料，找出執行過程中的優點及不足之處，思考如何與員工進行溝通。

②跟進目標：對確立的目標作跟進記錄，並回饋給員工。

③跟進業績：不斷把員工的即時業績回饋給員工本人，以促進良好的銷售氣氛，及時解決銷售過程中的問題。

④將結果回饋給實施者，並針對個人實施教練。

以門店面積分別為 $500m^2$、$1800m^2$ 為基數，則門店經營指標例如：教練店長如何跟進業績的話術

‧A 現在已經完成了 5000 元的業績。

‧B 完成了 500 元的業績，還需要加油。

‧C 已經達成了 2000 元的業績，會員卡銷售了 2 張，還差 1 張。

‧對主推款 A、B、c 都做了推動，共售出 4 件。

‧主推款 A、B 都作了推動，但是還沒有售出，主推沒有成功的原因是什麼？要思考一下。

類型	標準面積/m^2	米效/元	日均銷售/元	毛利率/%	週轉次數/次	庫存天數/天	庫存金額/萬元	來客數/人次	單價/元
A	500	30	15000	13.8	14	26	40	750	20
B	1800	15	27000	13.8	10	36.5	98	1350	20

門店費用指標為：

類型	費用率	人力成本 費用率	水、電、暖 費用率	客服包裝 費用率	辦公 費用率	損耗率	其他 費用率
A	12%	3%	1.5%	0.3%	0.05%	1.2%	5.95%
B	12%	3%	1.5%	0.3%	0.05%	1.2%	5.95%

第 **6** 章

鞏固客戶就能提昇業績

客戶忠誠通常被定義為重覆購買同一品牌中產品的行為，因而忠誠客戶就是重覆購買同一品牌，只老虎這種品牌並且不再朝廷相關品牌資訊搜索的客戶。

一、客戶忠誠的特質

客戶忠誠度指的是客戶滿意後產生的對某種產品品牌或公司的信賴、維護和希望重覆購買的一種心理傾向。通俗地講，如果你總是喜歡穿某個品牌的服裝，或總是到同一個店裏買東西，你就是他們的忠誠顧客了。

客戶忠誠通常被定義為重覆購買同一品牌或產品的行為，因而忠誠客戶就是重覆購買同一品牌，只考慮這種品牌並且不再進行相關品牌資訊搜索的客戶。

只有當客戶同時具備以下五點特質的行為，他才是你真正的「忠誠客戶」：

· 週期性重覆購買；

· 同時使用多個產品和服務；

· 樂於向其他人推薦企業的產品；

· 對於競爭對手的吸引視而不見；

· 對企業有著良好的信任，能夠在服務中容忍企業的一些偶然失誤。

一般來說，客戶忠誠度可以說是客戶與企業關係的緊密程度以及客戶抗拒競爭對手吸引的程度。因此，客戶忠誠根據其程度深淺，可以分為四個不同的層次：

認知忠誠，指經由產品品質資訊直接形成的，認為該產品優於其他產品而形成的忠誠，這是最低層次的忠誠。

情感忠誠，指在使用產品持續獲得滿意之後形成的對產品的偏愛。

意向忠誠，指客戶十分嚮往再次購買產品，不時有重覆購買的衝動，但是這種衝動還沒有轉化為行動。

行為忠誠，忠誠的意向轉化為實際行動，客戶甚至願意克服阻礙實現購買。

從客戶忠誠各個層次的含義可以看出，基於對產品品質的評價才能打開通向忠誠的大門，因此，如果首先就沒有令人滿意的產品表現，是根本無法形成情感和意向忠誠的。

但前三個層次的忠誠，易受環境因素的影響而產生變化，如當企業的競爭對手採用降低產品（或服務）的價格等促銷手

段，以吸引更多的客戶時，一部份客戶會轉向購買競爭對手的產品（或服務），而第四個層次的行為忠誠，則不易受這些環境因素的影響，是真正意義上的忠誠。因此，企業要培育的正是這一層次的客戶忠誠。

二、提高客戶忠誠度所帶來的價值

客戶的價值，不在於他一次購買的金額，而是他一生能帶來的總額，包括他自己以及對親朋好友的影響，這樣累積起來，數目就會相當驚人。因此，企業在經營過程中，除了設法滿足客戶的需求外，更重要的是要維持和提升客戶的忠誠度。

例如，一般情況下，企業的客戶流失率為 20%，平均客戶壽命為 5 年。假設每位客戶每年平均在該企業花 1000 元，那麼每個客戶的終身價值為 5000 元。如果某個忠誠行銷項目使客戶流失率降到 10%，那麼客戶壽命因此延長到了 10 年，客戶的終身價值也就變為 10000 元。一些信用卡公司就是因為客戶流失率降低 5%，而利潤上升了 125%。

忠誠客戶是企業發展的推動力，建立顧客忠誠所引起的財務結果的變化令人歎為觀止，相關數據表明：

- 保持一個老客戶的行銷費用僅僅是吸引一個新客戶的行銷費用的 1/5。
- 向現有客戶銷售的幾率是 50%，而向一個新客戶銷售產品的幾率僅有 15%。
- 客戶忠誠度下降 5%，企業利潤則下降 25%。

· 如果將每年的客戶關係保持率增加 5%,可能使企業利潤增長 85%。

· 企業 60%的新客戶來自現有客戶的推薦。

· 對於許多行業來說,公司的最大成本之一就是吸引新客戶的成本。

· 顧客忠誠度是企業利潤的主要來源。

會員制行銷的價值,就是啟動會員的價值,使會員價值最大化。因此,對於企業而言,擁有忠誠度高的客戶就等於擁有了穩定的收入來源,提高客戶忠誠度可以為企業帶來以下價值:

1.帶來穩定收入

美國運通公司負責資訊管理的副總裁詹姆斯·范德·普頓指出,忠誠客戶與一般客戶消費額的比例,在零售業來說約為 16:1,餐飲業是 13:1,航空業是 12:1,旅店業是 5:1。

相對於新客戶而言,忠誠客戶的購買頻率較高,且一般會同時使用同一品牌的多個產品和服務。只要有需求,他們就會選擇企業推出的產品,同時,企業推出新產品,也會刺激客戶產生新需求。這樣可以給企業帶來穩定的收入和利潤,有助於保證企業的長期生存。

2.維持費用低而收益高

據調查資料顯示,吸引新客戶的成本是保持老客戶的 5～10 倍。美國的一項研究表明,要一個老客戶滿意,只需要 19 美元;而要吸引一個新客戶,則要花 119 美元,減少客戶背叛率 5%,可以提高 25%的利潤。

所以,假如企業一週內流失了 100 個客戶,同時又獲得 100

個客戶，雖然從銷售額來看仍然令人滿意，但這樣的企業是按「漏桶」原理經營業務的。實際情況是，爭取 100 個新客戶已經比保留 100 個忠誠客戶花費了更多的費用，而且新客戶的獲利性也往往低於忠誠客戶。據統計分析，新客戶的贏利能力與忠誠客戶相差 15 倍。

同時，因為老客戶的重覆購買可以縮短產品的購買週期，拓寬產品的銷售管道，控制銷售費用，從而降低企業成本。與老客戶保持穩定的關係，使客戶產生重覆購買過程，有利於企業制定長期規劃，設計和建立滿足客戶需要的工作方式，從而也降低了成本。

3.不斷帶來新客戶

忠誠客戶對企業的產品或服務擁有較高的滿意度和忠誠度，因此會為自己的選擇而感到欣喜和自豪。由此，也能自覺或不自覺地向親朋好友誇耀、推薦所購買的產品及得到的服務。這樣，老客戶因口碑和親友推薦就會派生出許許多多的新客戶，給企業帶來大量的無本生意。

忠誠客戶能給企業帶來源源不斷的新客戶：一個忠誠的老客戶可以影響 25 個消費者，誘發 8 個潛在客戶產生購買動機，其中至少有一個人產生購買行為。

4.宣傳企業形象

有調查顯示，一個不滿意的客戶至少要向另外 11 個人訴說；一個高度滿意的客戶至少要向週圍 5 個人推薦。

隨著市場競爭的加劇、資訊技術的發展，廣告資訊轟炸式地滿天飛，其信任度直線下降。除了傳統媒體廣告以外，又加

上了網路廣告，人們面對這些眼花繚亂的廣告難辨真假，在做出購買決策的時候更加重視親朋好友的推薦，於是，忠誠客戶的口碑對於企業形象的樹立起到了不可估量的作用。

5.帶來更多商業機會

在企業擁有的忠誠客戶當中，可能有部份客戶是具有豐富的資源和極大的影響力的，如果能與他們保持良好的關係，在互動的交往中無疑會給企業帶來眾多的商機。

企業之間的競爭不可避免，但是忠誠度高的客戶，不僅不受競爭對手的誘惑，還會主動抵制競爭對手侵蝕。忠誠客戶對企業的其他相關產品，甚至新產品都比新客戶容易接受。例如，有些客戶認為 IBM 和蘋果公司的產品雖然存在一些問題，但在服務和可靠性方面無與倫比，因而忠誠客戶能耐心等待公司對不理想產品的改進及新產品的推出。

三、要培養終身顧客

著名的門店銷售大師曾經這樣說道：「銷售是一種長期的市場行為，所以對於銷售者來講，即使與顧客的交易完成後也要和顧客保持一定的聯繫。」在門店銷售中，一些銷售人員把達成交易視為與顧客關係的結束，認為交易完成後再沒有必要與顧客聯繫了。其實，這種想法是錯誤的。很多銷售者在門店銷售行業幹了很多年，而自己的業績卻一直都沒有得到很大的提升，一個根本原因就是認為自己與顧客的交易完成了，至於售後服務那都是顧客主動找上門來的事情。

美國專業銷售人員門店銷售者協會，得出統計資料：2%的銷售是在第一次接洽後完成的；3%的銷售是在第一次跟蹤後完成的；5%的銷售是在第二次跟蹤後完成的；10%的銷售是在第三次跟蹤後完成的；80%的銷售是在第四至第十一次跟蹤後完成的。

事實上，有很多銷售人員不能堅持對顧客進行跟蹤，第一次洽談後，就不去管了。

喬‧吉拉德不是公司老闆，他只是一個汽車銷售人員，然而他是一位創世界紀錄的銷售員。他曾經連續 15 年成為世界上售出新汽車最多的人，其中，年平均售出汽車 1300 輛。銷售是需要智慧和策略的事業，在每位銷售人員的背後，都有自己獨特的成功訣竅，汽車銷售大王喬‧吉拉德是怎樣做的呢？

喬‧吉拉德在交付車的時候會拿出一遝大約 25 張名片放進新車的儲物倉裏，然後向顧客宣佈：「XX 先生，這下無論你到哪兒去，我都跟著你了。記住我的話，每次你給我介紹一位元顧客，你都會得到 25 美元。還有，別忘了告訴你的朋友們我是怎麼照顧你的。還要記住一定要將你的名字寫在名片的後面，你可以讓他們來我這兒之前先去其他商店問問價錢。別忘了。」

喬‧吉拉德說：「我擁有世界上最大的民間銷售網。每賣一輛車，我就發給顧客一遝名片，他們也就自動地成為我的『雇員』。我教他們這樣說：『去找我的朋友喬吧，他絕不會虧待你的。』」

在把自己的商品成功賣出去之後，喬‧吉拉德需要做的事情就是，將顧客及其與買車子有關的一切情報全都記進卡片裏，

同時，他會為買過車子的人寄出一張感謝卡。他認為這是理所當然的事，但是很多銷售人員並沒有這樣做。所以買主對感謝卡感到十分驚奇，因此印象特別深刻。

喬·吉拉德將顧客當作長期的投資，絕不在賣掉一部車子後即置顧客于不顧。他本著來日方長、後會有期的想法，希望顧客為他介紹親朋好友來車行買車，而針對成年者，設法將車子賣給他們的子女。賣車之後，他總希望顧客能夠感到買了一部好車子，而且能永生不忘。顧客的親戚朋友想買車時，便首先會考慮找他，這就是他銷售的最終目標。

他認為所有已經認識的人都是自己的潛在顧客，對這些潛在的顧客，他每年大約要寄上 12 封廣告信函，每次都以不一樣的色彩和形式投遞，在信封上，他儘量避免使用與他的行業相關的名稱。

1 月，他的信函是一幅精美的喜慶氣氛圖案，同時配以幾個大字「恭賀新禧」，下面是一個簡單的署名：「雪佛蘭轎車，喬·吉拉德上。」除此之外，再無多餘的話。就算是遇上大拍賣，他也絕不提買賣。

2 月，信函上寫的是：「請你享受快樂的情人節。」下邊依然是簡短的簽名。

3 月，信中寫的是：「祝你聖巴特利庫節快樂！」聖巴特利庫節是愛爾蘭人的節日。也許你是波蘭人，或是捷克人，但這無關緊要，重要的是他不忘向你表示祝願。

然後是 4 月、5 月、6 月……

不要小看這幾張印刷品，它們所起的作用並不小。不少顧

客一到節日，往往會問夫人：「過節有沒有人來信？」

「喬‧吉拉德又寄來一張卡片！」

如此一來，一年中就有 12 次機會，使喬‧吉拉德的名字在愉悅的氣氛中來到這個家庭。喬‧吉拉德從來沒說過：「請你們買我的汽車吧！」不講推銷的推銷，反而給人們留下了最深刻、最美好的印象，等到他們打算買汽車的時候，第一個想到的往往就是喬‧吉拉德。

美國哈佛商業雜誌曾經發表的一篇研究報告指出：多次光顧的顧客比初次登門的人可為企業多帶來 20%-85%的利潤。可見，老顧客對於銷售者的銷售業績的發展具有非常重要的作用。因此，在現實中，有經驗的業務高手是從保持現有顧客而擴充新顧客的，他們不會放過在交易完成之後與顧客的進一步聯繫，銷售完成後他們仍然積極主動與顧客聯繫。事實上，很多忠誠的老顧客都是通過銷售完成之後的有效溝通確立持久聯繫的。許多銷售人員都抱怨很難增加顧客，整天忙於聯繫新顧客，與顧客成交之後，又不與顧客保持聯繫，甚至在產品出現問題之後也擺出一副事不關己的模樣。而只要我們仔細觀察一下，這樣的銷售者幹了幾年，往往業績停滯不前。確實，我們可以想像一下，對於這樣的銷售員，顧客再有需求時，還會考慮購買你的產品嗎？

銷售人員完成交易後與顧客經常保持聯繫，顧客下次購買同類產品時，會首先想到你，而且還會代你向親朋好友推薦。由顧客推薦而來的顧客願意與你做生意的比較多，生意往來也比較持久，並且會將他們的新朋友介紹給你，形成一個廣泛的

顧客群,從而使你的顧客源源不斷,有利於建立穩定的顧客群。那麼,當銷售完成後,作為一位銷售者應該怎麼做呢?

終身顧客的價值在於,再次購買時他對店面、門店銷售人員已經充分信任,無須門店銷售人員再浪費時間去解釋我們店有多麼誠信、我們的商品有多麼優惠、品質有多麼好,只需要向忠誠顧客展示我們的新品,他們只要中意,便會欣然接受。而且忠誠顧客會像義務宣傳員一樣給我們打廣告、樹口碑。

如果你的店面低於 50%的業績是由終身顧客產生的,那說明你的終身顧客維護還沒做到位;如果超過 80%的業績都是由終身顧客產生的,那麼恭喜你,你的顧客關係維護得非常不錯。

四、對已流失顧客進行分析

根據現代管理理論,店鋪 80%的利潤來自於 20%的顧客,這些顧客就是店鋪的 VIP 顧客。VIP 顧客是影響店鋪生存的關鍵,也是店鋪銷售服務工作中需要高度重視的顧客群體。做好 VIP 顧客的管理工作,就是要對 VIP 顧客進行細分和評估,然後對其忠誠度進行分析和把握。針對不同等級和不同忠誠度的 VIP 採取不同的服務方式,以實現更好管理 VIP 顧客的目標。

根據現代管理理論,每一個 VIP 顧客對企業的實質付出和價值並不相同。每個企業的資源都是有限的,如何把有限的投資花在刀刃上,是每一個企業都要慎重思考的問題。對於店鋪這個服務性行業而言,所謂的「刀刃」就是 VIP 顧客中的核心顧客。把握住了他們就把握住了店鋪生存的命脈和發展的根基。

忠誠的 VIP 顧客，當他想買一種他曾經使用過的商品或是將來可能需要的商品時，他首先想到的是原來提供產品或服務的零售企業。忠誠的 VIP 顧客是店鋪巨大的財富，

對企業滿意的 VIP 顧客會提升企業在消費者心目中的形象，忠誠的 VIP 顧客同時是企業免費的廣告資源，會積極向別人推薦企業的產品。有研究顯示，一個滿意的顧客通常會將愉快的消費經歷告知 3～5 個人。倘若這 3～5 個人中有 1 個人也去購買並且感到滿意，他便會向另外的 3～5 個人傳播，使企業獲得更多的利潤。忠誠顧客對企業持續不斷地正面傳播，可以使企業的知名度和美譽度迅速提高。看下面一組數據：

深入瞭解 VIP 顧客真正重視的問題有助於企業建立穩固的 VIP 顧客關係，所以店鋪在著手改進 VIP 顧客體驗、提高 VIP 顧客的滿意度的時候一定要問自己幾個問題。

零售企業應當跟停止購買或轉向其他供應商的 VIP 顧客進行接觸，瞭解為什麼會發生這種情況。IBM 每當失去一個顧客時，就會竭盡全力探討、分析失敗的原因：是價格太高，服務有缺陷，還是產品不可靠等等。從事「退出調查」和控制「顧客損失率」是十分重要的。因為顧客損失率上升，就表明這個零售企業在使顧客滿意方面不盡如人意。

上述 VIP 顧客滿意程度的調查方法說到底是搜集有關信息，為此，零售企業必須精心設計自己的信息系統。一般來講，取得信息的管道有正式和非正式兩種，正式管道主要是公開、程序化的管道，如顧客投訴系統、顧客滿意度調查即屬此類；非正式信息管道是非公開的、隱蔽的信息管道，如神秘顧客調

查、微服出訪、「臥底」等即屬此類。

正式信息管道的優點是較規範，弱點是速度太慢，另外由於面子、情感等因素的作用，VIP 顧客有些不滿不便表達。非正式管道的優點是速度快，能得到來自顧客最隱秘的信息，弱點是非程序化，存在將個別顧客意見普遍化的傾向。零售企業在調查時要靈活駕馭這兩條管道，以非正式管道彌補正式管道的不足。

新顧客越來越少，老顧客「喜新厭舊」，另尋「新歡」，顧客的臉說變就變，當問及很多店鋪的老顧客為什麼「翻臉不認人」到別家店去購買時，老闆們總是一臉迷茫，感覺沒有辦法，但只要詳細分析總能找到顧客流失的種種原因，如果找到原因就能「對症下藥」，不但能穩住老顧客，而且能開發新顧客。就目前而言，顧客流失的主要原因有以下幾個方面。

(1)產品品質不穩定

零售企業產品不穩定，顧客利益受損，所以產品本身是決定品牌能否長壽的關鍵，實際當中很多顧客買到有品質問題的產品後乾脆不聞不問，從此也就和店鋪「拜拜」了，但很多顧客不願光臨就是產品本身的問題太多讓顧客傷透了心。

產品出問題沒理由讓顧客埋單，而是需要廠家和店鋪自己來解決，如果發現自己的顧客是因為產品的品質問題與你「分手」了，終端店鋪要趕快給廠家反映或者將有品質問題的產品召回，否則，賣得越多，傷害你就越深。

(2)店鋪經營缺乏創新

店鋪缺乏創新，顧客「移情別戀」投入對手的「懷抱」，自

己辛辛苦苦栽的「花」卻被對手摘去。在賣場經常看到顧客來要新貨，但店鋪就是滿足不了對方；顧客埋怨產品更新速度太慢，但自己還不以為然，自我感覺良好；其他店活動進行得紅紅火火，但自己卻冷冷清清冰冰。其實對每個品牌而言，都有自己的生命週期，在現在的商業競爭中，如果自己一味地因循守舊就會落後於別人，最後將自己的顧客資源拱手讓給了對方。

(3)服務意識淡薄

顧客遭受冷眼，買東西笑的像花一樣，退貨就立馬變臉；服務人員傲慢無禮，解決問題扯皮推諉；店內環境設施差，服務顧客不及時。以上種種現象無形中傷害了顧客的心，感覺自己「在那兒不是買」，非得要找一個「受氣」的地方看別人臉色。

提升服務水準，讓顧客感覺到店裏面就像「回了自己的家」一樣放心，這樣就不必擔心顧客不忠誠。

(4)顧客遇到新的「誘惑」

競爭的加劇讓終端店鋪感覺目前的顧客忠誠度越來越低，剛費了「九牛二虎之力」培育的老顧客過幾天就和人家「喜結良緣」了，你推出了會員制，對手則是送襯衣、送領帶、送優惠卡，顧客一比較，感覺那家實惠買那家，於是在利益的「誘惑」下就「變節」了，其實，這是再正常不過的道理了。關鍵要反思自己做得比人家好嗎？

分析顧客流失原因，也許能找一大堆，但如果一味地埋頭苦幹不去分析，遲早會讓自己在競爭的大潮中敗得一塌糊塗，如果通過顧客流失的原因不斷總結經驗、不斷改善經營管理，就能透過顧客的眼睛看自己，從而讓自己變得更富有競爭力。

　　隨著市場競爭的日益加劇，顧客忠誠度已成為影響店鋪長期利潤高低的決定性因素。以顧客忠誠為標誌的市場佔有率，比以顧客多少來衡量的市場佔有率更有意義，店鋪管理者將行銷管理的重點轉向提高顧客忠誠度方面來，以使店鋪在激烈的競爭中獲得關鍵性的競爭優勢。實踐表明，建立客戶忠誠的基礎是讓客戶感到滿意，建立客戶忠誠的關鍵是讓客戶心情愉悅，建立客戶忠誠的終點是使客戶產生信賴，然而讓顧客滿意需要可靠的調研。

五、制定顧客挽留計劃

　　顧客挽留是不斷試圖滿足現有顧客的需求，並使他們繼續光臨店鋪的過程，長期以來人們認識到維護一個老顧客遠比開發一個新顧客重要得多，雖然很多管理者已經意識到這個問題，卻很少採取積極的行動來留住顧客，大多數的商家關注的是如何吸引新顧客，而將顧客服務交給客戶服務部門。

　　制訂 VIP 顧客挽留計劃需要做以下工作。

1.制定挽留計劃前的工作

(1)計算顧客的終身價值

　　顧客終身價值是一個顧客在他作為顧客的生命週期中所能產生的價值，計算公式如下：

$$顧客終身價值＝每年的利潤×顧客的生命週期$$

　　例如，一個普通顧客每年能給你帶來 4 萬元的利潤，而如果他的顧客生命週期是 7 年，那麼在計算目前的淨價值之前，

他的顧客終身價值是 28 萬元，一旦知道失去一個顧客有多大代價，就能決定應該在挽留客戶上投資多少錢。

(2)確認一個賣場是否有必要改進其顧客挽留計劃

如果你對以下問題都沒有答案，那就需要在賣場裏制定一項客戶挽留計劃了。

①使 VIP 顧客滿意是你的首要目標嗎？

②你們定期對 VIP 顧客滿意度進行衡量和評價嗎？

③你們是在不斷努力提升 VIP 顧客的滿意度嗎？

④你是否有衡量品質標準，並將衡量的結果與員工進行溝通？

⑤你對 VIP 顧客服務人員進行培訓再培訓嗎？

⑥你在挽留現有 VIP 顧客方面花了多少成本？

⑦目前你吸引一個新 VIP 顧客的成本是多少？

⑧每個 VIP 顧客的平均價值是多少？

⑨你現在的 VIP 顧客流失比率是多少？

⑩你是怎樣將流失的 VIP 顧客搶回來的？

⑪你履行了對顧客的承諾了嗎？

2.運用口碑的力量挽留顧客

運用口碑的力量，創造好的賣場品牌於與賣場服務口碑。賣場銷售人員與顧客保持良好的互動，可以有效地獲得顧客的支援，並為產品做免費宣傳。

(1)口碑的力量

金鎖鏈法則中，一般人口口相傳的口碑銷售力量高出賣場銷售人員解說銷售力量 15 倍。口碑之所以會產生力量，最重要

的原因在於其無私、無利潤。很少有顧客會在口碑相傳的過程中，跑到門市向老闆索要介紹費。

雖然口碑的力量會高出一般銷售人員解說 15 倍,但銷售人員更需要注意：正面消息會被傳播，負面消息也會被傳播，而且負面消息傳播的速度會比正面消息傳播得更快、更遠。

(2)免費的銷售員系統

口碑的力量如此之大，如果門市能夠建立免費的銷售員系統，則會非常有助於銷售。

所謂免費的銷售員系統是指，讓高忠誠度的 VIP 顧客超越顧客與商家之間的關係，與零售企業站在同一戰線，免費幫助零售企業介紹其他顧客，通過其他顧客再次幫助零售企業進行宣傳。當這樣的宣傳力量開始起作用之後，口碑的力量會幫助零售企業帶來越來越大的生意。

優秀的門市銷售服務人員會聰明地掌握口碑，掌握朋友與朋友之間口口相傳的力量。而不夠聰明的銷售人員則只會做眼前的生意。在銷售人員維持與顧客的關係中，主動是最重要的原則。銷售人員只有主動地與顧客保持聯繫，才能夠與顧客保持好的互動，畢竟顧客主動進入門市中與銷售人員結成朋友的可能性很小。

(3)提供優質的服務

從顧客進入門店、消費服務到最終離去，銷售人員熱情的招待、貼心的服務會不斷累積顧客美好的感覺，而持續的用心經營就會贏得好的 VIP 顧客。

大的訂單可以給銷售人員很高的利潤，因此許多銷售人員

喜歡做大的訂單。但 VIP 顧客也有小訂單的時候。大單顧客認為提供給銷售人員高利潤，銷售人員提供服務是天經地義的。銷售人員對於大訂單顧客的關心、貼心服務及所應用的種種銷售技巧，顧客並不認為特殊，而認為是應該的。顧客在下小訂單的時候則不同。小訂單顧客進入店鋪，可能購買最便宜的商品，或促銷打折後的商品，當他享受到銷售人員的熱忱關懷、貼心服務以及銷售技巧之後，就會感動，認可銷售人員的服務。銷售人員對顧客的熱情會不斷地在顧客心中積累美好的感覺。

⑷用心感動顧客

成功的店鋪在於能夠通過一些貼心的小事贏得顧客的感動，建立與顧客之間的友情。建立友情之後，顧客在最終口碑的傳遞中，會起到重要的作用，從而為銷售人員的門市銷售造成一定的效應。

銷售人員為顧客做貼心的小事往往會超出顧客的預期，也是建立忠誠度的最好時機。很多顧客在進入店中的時候並沒有特定的期待，不會期待一杯水、冰毛巾，甚至不會期待熱情的開始和誠懇的態度，如果銷售人員能夠做到這些，就能夠突出門市的特殊性，從而讓 VIP 顧客感到滿足。如炎熱的夏天，遞給進入到門市中滿頭大汗的顧客一條冰毛巾，遞給口渴的顧客一杯冰凍的礦泉水，這些都是貼心的服務，會贏得顧客的感動，積累顧客美好的感覺，最終即便顧客不購買商品，但顧客會把銷售人員當作朋友。成功的門市能創造出顧客的感動，建立起超越價格的友情。

互動、貼心的服務會給顧客留下深刻的印象，顧客喜歡被

關心、體貼的感覺，最終可以超越顧客與廠賣場間的關係，使他們不止成為朋友，甚至讓銷售人員成為顧客生活上、工作上的參謀。

在賣場銷售中，產品的品質屬於硬體，而銷售人員的服務屬於軟體，軟體的突出作用在於銷售人員將小事做好，用微笑、熱情等軟體服務不斷地提升硬體的價值。

(5)成為顧客的知音

要成為顧客的知音，需要瞭解顧客的資料，從顧客的資料中尋找話題，對顧客的關心體貼入微，就可以很好地創造感動，創造顧客美好的感覺。優秀的門市人員也可以通過照顧顧客、關心顧客來營造顧客美好的感覺。

收集顧客資料時通常要收集家庭以及成員狀況、顧客目前的職業、職業變動、個人興趣、經濟狀況等，這些資料需要銷售人員在第一次與顧客接觸時就開始記錄，以便為以後的溝通奠定良好的基礎。如果顧客的興趣是釣魚，銷售人員可以向顧客詢問好的釣魚點，如果顧客喜歡養寵物，優秀的銷售人員甚至會記錄下顧客寵物的名字，這更會贏得顧客的感動，使顧客有被關心的感覺。

更為成功的銷售人員可以通過幫助顧客收集行業專業資料、專業知識，並提供給顧客，以照顧顧客的生意。這種做法表示銷售人員關心顧客的生意，讓顧客深切感受到，銷售人員並沒有以金錢衡量一切。

銷售人員需要明確：沒有顧客喜歡與以錢衡量一切的人做朋友。在店鋪的經營過程中，VIP 顧客的積累非常重要，是擴

大店鋪的一個關鍵。VIP 顧客決定了店鋪的免費業務員系統，決定銷售人員的工作業績。銷售人員只有通過日常積累 VIP 顧客資料，努力經營與 VIP 顧客的關係，最終在達到滿意銷售效果的同時，還能夠成為朋友。

六、開發 VIP 顧客的方法

VIP 顧客在賣場中佔據重要的位置，他們是賣場的核心顧客，VIP 顧客人數的多少直接反映了店鋪的盈利狀態，因此賣場必須在工作開展的過程中，不斷吸納 VIP 顧客，維護好 VIP 顧客。在 VIP 顧客的開發過程中，要講求顧客開發的品質，不能滿目追求數量。

（一）VIP 顧客開發流程

店鋪 VIP 顧客的開發，其實就是從眾多顧客中找到店鋪的核心和顧客。

核心顧客是對店鋪而言具有特殊重要性的顧客，這些顧客能夠給店鋪帶來巨額的銷售業績和利潤。店鋪的核心顧客主要包括大顧客和一般老顧客。

大顧客是指那些能給店鋪帶來最大利潤的顧客。一般來說，店鋪經營收入的 80%都是由這些大顧客帶來的。他們主要由高收入、高消費人群組成。這些顧客能夠給店鋪帶來可觀的利潤，並且有可能成為店鋪最大的利潤來源，對這些顧客進行管理非常重要。店鋪開展行銷活動的直接目的就是要提高這類

顧客在店鋪的購買量。

對於店鋪而言，核心顧客就是自己的 VIP。這些 VIP 與一般的顧客有著本質的不同，對店鋪的發展起著相當可觀的助力作用。

顧客開發調研流程，如圖 6-1 所示。

圖 6-1　VIP 顧客開發調查流程

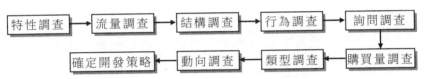

在做 VIP 顧客開發調查時，通過以上圖中的關鍵因素逐一開展調查，而不能單純地從購買量上來作為確定 VIP 客戶的唯一因素。

（二）掌握 VIP 顧客的步驟

瞭解 VIP 顧客的客流量比率是瞭解 VIP 顧客忠誠度必不可少的一項工作，因此必須建立健全的 VIP 顧客消費回饋系統，掌握 VIP 消費信息，並根據信息隨時調整終端行銷策略，預測日平均客流量及 VIP 客流量是多少，這是絕對客流量比率；除此之外，還要瞭解競爭對手的客流量是多少，與我們的客流量相比，是相對客流量比率。最大限度保證 VIP 顧客的穩定性及對店鋪的興趣。瞭解 VIP 的信息需要從以下幾個方面入手。

1.每月 VIP 的流量調查

VIP 流量調查，就是統計每月顧客總人數、VIP 顧客的光顧率，消費金額多少，根據數據的變化分析來確定 VIP 顧客的光

顧比例以及 VIP 顧客服務品質的好壞，並調整服務策略。

以某便利店為例，假如某便利店已經發展的 VIP 顧客人數為 200 人，而實際每月客流量和 VIP 流量如如表 6-1 所示。

表 6-1 顧客流量與 VIP 流量調查月報表

日期	光顧總人數	VIP人數	VIP光顧率(%)	總消費金額(元)	VIP消費金額(元)	VIP消費比率(%)
1	300	30	10	8000	3000	37.5
2	350	28	8	8900	2400	27
3	500	20	4	15700	2000	12.74
4	200	10	5	5600	1200	21.43
5	710	200	28.17	31000	19000	61.29
……	……	……	……	……	……	……
29	800	100	12.5	30000	11000	36.67
30	1000	50	5	20000	6000	30
總計	10560	1088	10.3	282014	90000	31.91
平均	352人	36	10.23	6760	3000	44.38

2.從 VIP 光顧率來進行分析

便利店每月光顧人數 10560 人，VIP 人數 1088 人，VIP 比率為 10.3%人，說明本店的 VIP 比率並不高。如果本店是剛開業不到一年的店，還算比較正常，如果是開業幾年的店，那麼說明本店 VIP 的開發和維護上還存在一定問題，需要在這方面不斷分析，找出原因。是 VIP 開發數量不夠？還是 VIP 維護不

夠？當 VIP 人數比率達到 20%時，盈利狀況才會趨於不斷上升狀態。

3.從 VIP 消費額比率分析

便利店本月銷售總額為 282014 元，VIP 顧客消費金額 90000 元。消費比率為：31.91%。這個數據顯示，VIP 顧客顯示了它的優勢，比散客的消費能力強，僅 10.3%的光顧慮，消費金額比率卻有 31.91%，充分驗證了發展 VIP 顧客的正確性，也驗證了 80%的業績是由 20%的顧客產生的顧客金字塔模型原理。

4.從 VIP 顧客的有效率來分析

從 29 日、30 日兩天來看，顯然這兩天進行了促銷或是其他的優惠活動，活動期間 VIP 到場人數也達到了高峰，兩天活動 VIP 到場人數是 100＋50＝150 人，便利店現已發展的 VIP 人數為 200 人，也就是說活動 VIP 的有效率為 75%。因此說明活動期間 VIP 的有效率較高，因此說明活動期間對 VIP 顧客的宣傳比較到位。上月同期比分析的數字有：

①VIP 購買金額：主要是考核商品的多樣性。如數值下降過多則表示商品是否存在品質或是商品老化，多樣性差的問題。

②月 VIP 顧客光顧率：數值上升，則表示 VIP 宣傳維護有加強，如數值下降過大則要從服務和活動上找原因。

最終結論：

繼續開發 VIP 顧客人數，並加強 VIP 顧客的日常維護。

5.消費顧客數的管理

要對實現消費的 VIP 顧客數(發票張數)進行統計，得出月平均有效 VIP 客流(實現消費)比例；與上期實績同比，是「VIP

消費顧客增長比率」。

6.平均帳單率的管理

平均帳單率＝銷售總額／發票張數；與上期同比，是「消費能力增長比率」。

7.購買水準分類管理

要對 VIP 顧客半年度購買商品數量進行統計，得出一個消費者購買商品數量的平均值，與上期同比，是「消費水準增長比率」。VIP 顧客購買量調查表，如表 6-2 所示。

表 6-2　VIP 顧客購買量調查表

顧客＼商品購買量	商品1	商品2	商品3	……	商品n	金額合計（元）
顧客A	20	35	40	……	23	32000
顧客B	25	38	50	……	32	75000
顧客C	12	32	23	……	45	41200
顧客D	0	0	0	……	0	0
……	……	……	……	……	……	……
人均購買量	21	35	42	……	34	／

使用說明：根據半年度 VIP 的購買量統計及光顧的次數的分顧客對我們還是忠誠的，如果半年內都沒有再次光顧，要及時採取服務應對措施，或者檢查終端的服務、產品更新、終端的活動等，重新挽回我們的 VIP 顧客，做到最大限度減少流失。

8.購買商品分類管理

大型綜合超市是實現品類管理的，很容易得到各商品大類的銷售數據，與上期同比，是「分類商品銷售增長比率」。如表6-3所示。

表 6-3　VIP 顧客購買商品品類調查表

商品＼季	第一季	第二季	第三季	第四季	合計
商品A	300件	360件	350件	280件	1290件
12元/件	3600元	4320元	4200元	3360元	15480元
商品B	232件	180件	168件	196件	776件
30元/件	6960元	5400元	5040元	5880元	23280元
商品N	……	……	……	……	……

VIP 顧客購買商品品類調查是根據每季 VIP 購買商品的品類排行，得出什麼商品是 VIP 顧客購買率最高的商品，什麼是業績貢獻最高的商品。在進行數據統計時要分數量和金額兩個參數進行統計，目的在於統計最高商品業績貢獻率。因為銷售數量多的商品不一定就是業績貢獻率最高的商品。

表 6-3 中商品 A 和商品 B 就是很好的證明，商品 A 年度銷售件數是 1290 件，商品 B 年度銷售件數 776 件，但是商品 B 因為單價高，所以年度的業績貢獻中，商品 B 23280 元是高於商品 A 的 15480 元的。

結論是數量高的商品還是業績高的商品都應該認真對待，

賣場應該在品質上，多樣化上進行配置，滿足 VIP 顧客在商品品質和多樣化上的最大需求。

第 **7** 章

「放長線釣大魚」的會員制

　　建立客戶會員制是企業的一項龐大的系統工程，是一項長期、細緻、與眾多會員密切相關的工作。它不是簡單地喊幾句口號、上一套硬體和軟體系統那麼簡單，成功的會員制行銷需要結合企業實際情況進行系統的規劃和準備，並在提供針對性服務的同時帶給客戶特定的價值，建立企業和客戶之間恒久的基於感情的信任關係。

一、放長線釣大魚

　　會員制是企業「放長線釣大魚」的一項運動，因為企業不約而同地成立這個「會」那個「會」，就是旨在爭奪、維護和挖掘客戶價值，從其長期經營的角度看，所謂的「會」，其實是企業的品牌經營，是在建立和維繫客戶與企業的情感，從而形成

企業的美譽度和客戶對企業的忠誠度。

在德國，有一位教授是「奧迪」汽車的忠誠會員，和他熟識的一位「奧迪」經銷商會定期給他打電話，提醒他車子要年檢，或是要加機油。一年當中，他及他妻子生日那兩天都會收到這位經理送來的鮮花和新產品資料。

這樣的關係已維持很多年，兩者之間不像是常見的買賣關係，更像是兩個朋友間的交往。「奧迪」這種人性化的服務為企業招攬了眾多的忠誠客戶。

近年來，會員制消費迅速普及，尤其在商品流通領域，會員制行銷更加普遍。無論是大型超市，還是稍有規模的連鎖店，甚至是各大商場、商店，都實行會員制行銷。

會員制是企業「放長線釣大魚」的一項運動。因為企業不約而同地成立這個「會」那個「會」，就是旨在爭奪、維護和挖掘客戶價值，從其長期經營的角度看，所謂的「會」，其實是企業的品牌經營，是在建立和維繫客戶與企業的情感，從而形成企業的美譽度和客戶對企業的忠誠度。

會員制消費已經成為消費者普遍接受的一種日常消費方式，是企業與消費者之間的制度模型中最為重要的組織形式之一。那麼，什麼是會員制呢？

各種各樣的會員卡形成了一張無形的網，將熱愛休閒、購物、娛樂的人們彙集在一起，通過形式多樣的會員活動，使會員成為商家定期消費的忠誠客戶。這就是商業會員制，它已經成為各路商家開發和維護忠誠客戶的秘密武器。

會員制是一種人與人或組織與組織之間進行溝通的媒介，

它是由某個組織發起並在該組織的管理運作下，吸引客戶自願加入，目的是定期與會員聯繫，為他們提供具有較高感知價值的利益包。會員制行銷目標是通過與會員建立富有感情的關係，不斷激發並提高他們的忠誠度。

二、會員制適用於任何店鋪

會員制行銷（associate programs）早已不是什麼新鮮話題。在美國，從理論到實踐都已經比較完善，並被認為是有效的網路行銷方式，現在實施會員制計劃的企業數量眾多，幾乎已經覆蓋了所有行業。

會員制是商家們為吸引消費者、促進銷售而推出的一種優惠制度。會員卡分佈的範圍很廣，大到高爾夫、網球、健身俱樂部、美容美髮中心、大型百貨商場，小到洗衣房、洗澡堂、洗車行、擦鞋店。會員卡的價值也有所不同，從幾十元到幾萬元不等。

許多人樂意當會員，是因為會員制消費確實給消費者帶來了一些優惠。林小姐是一家美容美體健康高級俱樂部的會員，每年交納費用後，臉部、身體、手部、足部護理費用可以打 5 折，購買相關產品打 8 折，每次消費時不必再交費，只需從會員卡中扣除。

會員制消費有助於商家吸引、培養一批相對固定的客戶群，同時也能讓消費者得到實惠，這是一種比以前的「一錘子」消費方式更先進的買賣關係。

　　會員制行銷可以應用於各種行業，但對於有些行業可能效果會更明顯，例如，經常需要重覆消費的餐飲、美容、網吧等服務行業；一些購買頻率高、需要穩定客戶忠誠度的領域，如零售業、服裝服飾業等。消費者購買產品後需要更多後續增值服務的行業，例如，汽車、電腦行業等。有些商家通過賣產品得到的利潤不多，但通過提供這些後續服務往往能夠獲得更大的利益。

　　會員制是經過長期市場檢驗的行之有效的競爭手段，廣泛地應用在商業、傳媒與通信終端等領域，企業應根據不同的行業性質設計不同的會員行銷方式。另外，隨著零售市場的不斷成熟和消費者觀念的不斷改變，會員制的較量實際上是服務戰的升級和深化。

三、會員制對培養客戶忠誠的影響

　　「好市多」（Costco）的會員模式。好市多是最值得實體商家研究的公司之一，它以極低的毛利卻保持著堅挺的會員忠誠度，它以銷售貼近成本的低價著稱，讓顧客為之瘋狂。

　　在「好市多」，有兩條不能觸碰的經營紅線。

　　第一，所有商品毛利率不得超過 14%，一旦高於這個數字，需要上報 CEO，並請董事會批准。

　　第二，外部的供應商，如果給競爭對手供貨的價格低於「好市多」供貨的價格，那麼它的商品永遠不會再出現在「好市多」超市的貨架上。這兩條準則嚴格執行下來，結果就是「好市多」

的商品平均毛利率只有 7%，而另一家號稱「天天低價」的超市沃爾瑪，毛利率則在 22%～23%。

「好市多」能夠保持低毛利的就是會員制。事實上，商品銷售毛利帶來的利潤，只是企業利潤的一小部份，只夠用於人事等日常開銷，「好市多」的利潤主體來自於會員年費。進入「好市多」購物，必須有會員卡，其中執行會員每年的年費為 110 美元，非執行會員的年費則是 55 美元。2014 年全年，「好市多」的銷售利潤為 10 億美元，會員年費收入高達 24 億美元。

好市多這麼多年所向披靡的最重要原因就是抓住了零售的本質：商品做到極好，價格做到極低，服務做到超預期！

成功品牌的利潤，有 80%來自於 20%的忠誠客戶，而其他的 80%，只創造了 20%的利潤。忠誠度不僅可以帶來巨額利潤，而且還可以降低行銷成本，爭取一個新客戶比維持一個老客戶要多花去 20 倍的成本。

由於競爭激烈，獲得新客戶的成本變得愈加高昂，因此，如何留住老客戶，促進客戶資產的最大化就成為企業的基本戰略目標，有針對性地進行客戶維護可以大大提升客戶的忠誠度和購買率，促進企業利潤的提升。

在 2002 年度 H 市百貨零售業的排名中，A 百貨公司以超過 9 億元的年銷售額名列前茅。據統計，在這 9 億元的銷售額中，竟然有高達 61%是由 VIP 會員創造的。可以說，是忠誠的客戶為他贏得了利潤的高速增長。

會員行銷在商家拓展市場的實戰中已突顯出了特殊的優勢，它在構建企業形象、培養消費品牌的忠誠度、提高市場佔

有率、間接幫助銷售、增強企業的競爭力上不失為一把利器。事實證明，會員制行銷可以使企業的銷售額提高 6%～80%，會員制行銷是企業開發和維護忠誠客戶行之有效的方式。

作為忠誠計劃的一種相對高級的形式，會員俱樂部首先是一個「客戶關懷和客戶活動中心」，而且需要朝著「客戶價值創造中心」轉化。而客戶價值的創造，則反過來使客戶對企業的忠誠度更高。

1.滿足會員歸屬感的需要

馬斯洛的需要層次論指出，人除了生存和安全的需要外，還有社交、受尊重和自我實現的需要。假如一個人沒有可歸屬的群體，他就會覺得沒有依靠、孤立、渺小、不快樂。人們總是希望和週圍的人友好相處，得到信任和友愛，並渴望成為群體中的一員，這就是愛與歸屬感的需要。

會員制的建立正是為了滿足人們的這種需要，會員制強調金錢和物質並不是刺激會員的唯一動力，人與人之間的友情、安全感、歸屬感等社會的和心理的慾望的滿足，也是非常重要的因素。會員制俱樂部建立通暢的會員溝通管道並保持經常性的溝通，不斷強化會員的歸屬感，讓每一位會員都感到備受尊崇。

「物以類聚，人以群分」。會員制俱樂部將有共同志趣的會員組織起來，通過定期或不定期的溝通活動，使企業和會員、會員與會員之間達成認識上的一致、感情上的溝通、行為上的理解，並長久堅持，最終結果就是發展為深厚的友誼。如此一來，會員對企業的忠誠也是必然的結果。

2.為會員提供價格上的優惠

幾乎每一個實行會員制的企業都會為會員設置一套利益計劃，例如折扣、積分、優惠券、聯合折扣優惠等。俱樂部通過辦理會員卡，給予會員特定的折扣或價格優惠，進而建立比較穩定的長期銷售與服務體系。

雖然越來越多的企業案例顯示，價格在培養客戶忠誠方面的作用正在日益下降，因為只是單純價格折扣的吸引，客戶易於受到競爭者類似促銷方式的影響而轉移購買。

人們在作購買決定時，價格因素是否已經不重要了呢？毫無疑問，當然重要。

因此，會員制應該如何有效地利用價格策略，在保持會員穩定的前提下盡可能減少價格優惠對收入的負面影響，是企業需要慎重考慮的問題。

3.為會員提供特殊的服務

在市場競爭日益激烈的情況下，要想使企業的產品明顯地超過競爭對手，已經很難做到。從長遠以及世界上很多出色公司的成功經驗來看，只有通過創造優質的服務使顧客滿意，才能增加市場佔有率。

服務策略可以培養客戶的方便忠誠和信賴忠誠，優質的服務使客戶從不信任到信任，從方便忠誠到信賴忠誠。例如，為每一位會員建立一套個性化服務的問題解決方案，或者定期、不定期地組織會員舉辦不同主題的活動等，這些特殊的服務可以有效增進企業與會員、會員與會員之間的交流，加深他們的友誼。

四、會員制能創造雙贏之道

會員制的實施可謂是雙贏的選擇，對於客戶而言，不但可以讓客戶享受比其他消費者更為優惠的低價，而且在服務方面更能得到特別對待；對於企業來說，會員制可以擁有固定客戶群體，讓會員得到更多的實惠，增加持續的消費，得到更多的忠實客戶。

事實證明，會員製作為成功的行銷模式，不但可以建立長期穩定的客戶群、加強雙方之間的溝通，還可以提高企業新產品開發能力和服務能力、增加企業的會費收入，更重要的是會員制可以提升客戶對企業的忠誠度，為企業創造長期穩定的客戶資源。

1.建立長期穩定的客戶群

會員制行銷要求企業著眼於提升會員與企業之間的關係，它與簡單的打折促銷的根本區別在於，會員制雖然也會賦予會員額外利益，如折扣、禮品、活動等，但不同的是，會員一般都具有共同興趣或消費經歷，而且他們不僅經常與企業溝通，還與其他會員進行交流和體驗。

山姆會員店是沃爾瑪百貨公司經營的一大特色，是其奪取市場、戰勝西爾斯的一大法寶。實行會員制給沃爾瑪帶來了許多利益，如：

通過會員制，沃爾瑪以組織約束的形式，把大批不穩定的消費者變成穩定的客戶，從而大大提高了沃爾瑪的營業額和市

場佔有率。

通過會員制，成為會員的消費者會長期在山姆會員店購物，這樣很容易產生購買習慣，從而培養起消費者對沃爾瑪這一零售商品牌的忠誠感。

會費雖相對個人是一筆小數目，但對於會員眾多的山姆店來說，卻是一筆相當可觀的收入，它往往比銷售的純利潤還多。

久而久之，會員會對企業產生參與感與歸屬感，進而發展為長期穩定的消費群體，而這是普通打折促銷無法達成的。

2.互動交流，改進產品

會員制行銷以客戶為中心，會員數據庫中存儲了會員的相關數據資料，企業通過與會員互動式的溝通和交流，可以發掘出客戶的意見和建議，根據客戶的要求改進設計，根據會員的需求提供特定的產品和服務，具有很強的針對性和時效性，可以極大地滿足客戶需求。

會員是在使用產品和接受服務的過程之中進行感受和體驗的。產品的什麼地方設計得不方便，什麼地方應當改進，客戶是最有發言權的。通過互動式的溝通和交流，可以發掘出客戶的意見和建議，有效地幫助企業改進設計、完善產品。同時，借助會員數據庫可以對目前銷售的產品滿意度和購買情況做分析調查，及時發現問題、解決問題，確保客戶滿意，從而建立客戶的忠誠度。

3.提升客戶的忠誠度

當客戶成為企業的會員後，無論在商品交易價格或者某項特色服務上，都享有比普通消費者更高一層的服務待遇，而這

個強烈對比，無形中刺激了相當一部份顧客的加入，由此也促進了銷售的實際增長，當然成為會員的這部份顧客群也產生了自有的優越感，在日常的人際交流中又會成為商場的免費宣傳視窗，從而提高會員的數量。

這種由客戶以口碑推薦所帶來的銷售也叫做鏈式銷售，由會員進行鏈式銷售可以為企業建立和維護大量長久穩定的基本客戶，獲得穩固忠實的客戶群。

4.提高新產品開發能力和服務能力

企業開展會員制行銷，可以從與顧客的交互過程中瞭解客戶需求，甚至由客戶直接提出要求，因此很容易確定客戶要求的特徵、功能、應用、特點和收益。在許多工業產品市場中，最成功的新產品往往是由那些與企業聯繫密切的客戶提出的。

而對於現有產品，通過會員制行銷容易獲得客戶對產品的評價和意見，從而準確決定改進產品和換代產品的主要特徵。

5.可觀的會費收入

會員俱樂部一般要求客戶入會時交納一定額度的入會費用。入會費相對個人雖是一筆小數目，但對於企業來說卻因為積少成多而成為一筆相當可觀的收入。會費收入一方面增加了企業的收益，一方面又可以吸引會員長期穩定地消費。

1983 年沃爾瑪創立了「山姆會員店」，這是一種會員制商店，沒有櫃台，所有商品以更低價格的批發形式出售，這種方式使沃爾瑪的利潤很低，卻將大批消費者牢牢地吸引在它的週圍，令對手無可奈何，「山姆會員店」光是營業額就超過了 100多億美元。

沃爾瑪山姆店提供給會員的並不僅僅是「低價」，還有歸宿感和忠誠感，會員可以從中獲取許多利益，例如：

對於消費者來說，加入山姆店可以享受價格更低的優惠，一次性支出的會費遠小於以後每次購物所享受到的超低價優惠，所以往往願意加入會員店。

消費者一旦成為會員之後，可以享受各式各樣的特殊服務，例如，可以定期收到有關新到貨品的樣式、性能、價格等資料，享受送貨上門的服務等。

會員卡的形式很多，其中附屬卡可以作為禮品轉贈他人。

山姆會員商店的會籍分為商業會籍和個人會籍兩類。商業會籍申請人須出示一份有效的營業執照複印件，並可提名 8 個附屬會員；個人會籍申請人只須出示其居民身份證或護照，並可提名 2 個附屬會員。

兩類會籍收費統一，簡便的入會手續，保證了每一位消費者都有成為會員、享受優惠的可能性。

五、如何建立會員制

在激烈的市場競爭中，「只要開店，顧客就會上門」的觀念需要改變，只有主動出擊，從顧客的立場出發採購貨源，才能獲得經營的成功。擁有門店數目多、規模大、散佈廣的特點，設立會員制俱樂部，不僅可以收集、整理及利用會員的資源，還可以圍繞會員開展業務經營活動來鞏固自己的目標顧客群體。

會員制俱樂部是一種促銷手段,即消費者只需交納少量費用或達到一定的購買量便可以成為會員,得到會員卡。會員一般可以享有多種優惠:

· 價格,會員可享有比非會員更優惠的價格。

· 會員可享有電話訂貨或送貨上門等服務。

· 會員將定期得到門店新商品的資料和促銷計劃,

· 部份門店設有會員優惠購物日,享受更大的優惠折扣。

成立會員制俱樂部的目的在於能夠縮短門店和顧客的距離,增強雙方的資訊溝通,鞏固自己商圈的固有消費群體,將原來各門店如根據地般的商圈聯合統一起來,變成一卡消費各地、各地通用一卡的局面。同時也可通過對會員的調查,收集資料,展開一系列的各項門店的工作。

實施會員制俱樂部可以從以下幾方面展開:

1.完善基礎設施

改造各門店的收款設備,在收款系統中加入管理會員檔案的刷卡系統,以便於根據 POS 系統中的會員資料,分析門店的消費習慣和趨勢,從而更好地展開促銷活動。

2.建立顧客檔案

會員入會填寫的個人檔案一般包括:姓名、性別、單位、年齡、生日、通訊位址、家庭情況、教育程度、收入水準、購物習慣(購物頻率、時間),然後根據會員所填寫的檔案進行分類編碼管理,如分別按年齡時段、性別、文化程度、收入水準、居住地等指標編碼,隨時調閱和分析某一人群的消費習慣,這樣一個簡單的顧客檔案便建成了。

3.會員卡分級設置

會員卡的設置可分為臨時卡、普通卡、銀卡、金卡等,臨時卡有效期較短,一般為一週或一個月,為外地旅遊購物或臨時居住者的消費者加入俱樂部設計。

- 普通卡:只能享有一般的各項折扣,並且將定期擁有門店的促銷海報,有效期一年。

- 銀卡:主要用於一些門店的長期固定消費者,有效期更長,折扣比率相對更高,可以對銀卡進行儲蓄,從而簡化顧客購物的繳款程序。

- 金卡:主要用於總部和各門店的主要消費團體,金卡增加了透支功能,而且如果年終購物總值到達到一定的金額,即可獲得一定的紅利。同時,各種卡之間可以自由升級。

4.組織會員活動

會員還可以參加俱樂部的定期聯誼活動,由門店組織聯繫會員,定期向會員發放調查表,瞭解需求,從而得到第一手的銷售動態,並發放最新的超市動態和促銷方案。

在會員過生日時,寄一張賀卡或送一份禮物,以增進與會員的感情,把溫情帶進超市的每個會員家中,使每個會員都成為超市的朋友,成為門店的永久性顧客,從而徹底鞏固各門店的消費群體。同時門店將比較清淡的日子定為會員優惠日,對會員進一步讓利,促進門店的日常銷售,緩解高峰購物的客流量。

5.戴爾公司的做法

美國電腦銷售公司戴爾（Dell）公司，通過網上直銷與客戶進行互動，在為客戶提供產品和服務的同時，還建立自己的客戶和競爭對手的客戶數據庫。數據庫中包含有客戶的購買能力、購買要求和購買習性等資訊。

根據資訊，戴爾公司將客戶分成四大類：搖擺型的大客戶、轉移型的大客戶、交易型的中等客戶和忠誠型的小客戶。公司通過對數據庫的分析，針對不同類型客戶制定銷售策略。

對於第一類型佔公司收入 50%的大客戶，加強與客戶的直接溝通，利用 Internet 提供特定服務，並有針對性地定期郵寄有關資料，爭取失去的客戶並且贏得回頭客。

對於第二類型佔公司收入 20%的大客戶，可以爭取，通過與他們加強溝通並增強銷售部門力量，使其建立對公司和品牌的忠誠度。

第三類型佔公司收入的 20%，可以採取傳統的郵寄和電話行銷，以增強其與公司的關係和聯繫。

最後一種類型佔收入的 10%，因此只需採取偶爾郵寄的方式來加強其忠誠度。

戴爾電腦因其物美價廉的產品和傑出的客戶服務贏得了消費者的青睞，實際上它的核心競爭優勢在於按訂單生產。

按訂單生產模式不僅僅是一個管理存貨、供應商關係和客戶行為的工具。隨著戴爾公司搜集到現有客戶和潛在客戶更完善、更深入的資訊，該公司開始實施特殊行銷戰略，以期從現有客戶處挖掘出新的業務，並推出旨在吸引高價值潛在客戶的

全新行銷計劃。由於戴爾公司能夠從多個數據點獲取相關資訊，因此它能夠根據客戶對公司的價值對他們進行評級，並根據不同的級別採用不同的行銷策略。

因此，企業需要建立一些進行數據分析的功能模組，使數據不僅僅是「死」資訊。通過數據分析功能模組進行數據分析，結合會員消費者在不同時期提供的不同資訊綜合分析，使資訊增值。

第 **8** 章

顧問師診斷你的店鋪

完美的店鋪形象展示,能給店鋪帶來品牌風格展示,增加品牌的價值,提升產品的檔次,消費者購物有好的感受。

一、診斷店鋪形象

店面形象關係到店鋪的命運走向。完美的店鋪形象展示能給店鋪帶來品牌風格完美展示,增加品牌的價值,提升產品的檔次,消費者購物有好的感受,從而促進業績的增長,擴大市場佔有率。

重視商店形象的管理有助於提高品牌的知名度,引起消費者對產品的嘗試,從而使消費者最終形成對產品的忠誠度。

很多店鋪在店面形象方面下了很大的工夫,可是事與願違,花了很多錢,卻達不到吸引顧客的效果。

店名是一個店鋪的招牌，合理選用店名對於店鋪的發展十分重要。首先，店名要和店鋪所處行業相協調；其次，店名要有一定的文化內涵；第三，店名要有自己的特點，或高雅，或通俗，或新穎；最後，一個好的店名還要朗朗上口，容易記憶，便於流傳。

生意好的店鋪，他們的經營者會在店名這方面下足工夫，以保證店鋪的生意興隆、財源廣進，因此，都會取一個好聽的名字。例如，古代商號都很注重使用吉祥順利的字眼，那時的店鋪大都冠以順、廣、泰、祥一類的字眼，來寓意自己的生意，為的是討個舒心吉利。而且現代經營也十分講究給自己的店鋪起個言簡意賅、寓意清新、富有特色的店名。

店鋪的外觀要能體現店鋪的個性及檔次。如果千篇一律，缺乏創新意識，或者過於陳舊，多年不進行翻修改版，逐漸地就會影響店鋪的銷售業績，更為嚴重的是還會影響店鋪的前途，這絕非是危言聳聽，因為陳舊、單調的裝修不能起到對客戶的視覺衝擊力，只會給客戶帶來審美疲勞和心理上的倦意。

合理的強燈光在服裝賣場中起著很重要的作用，同樣一件衣服打光和不設燈光，展示效果完全不同，賣場燈光的亮與暗要根據每個品牌的不同風格及定位來設計。在設計燈光時，首先是要考慮賣場整體的協調性。

整體照明，也稱普通照明，主要是提供空間照明，照亮整個空間。通常以天花板上的燈具為主。

產品照明，指陳列櫃、貨架上擺放的產品進行加強照明，讓其更好體現出產品的面料、做工、質地、色彩等。

表 8-1　店鋪形象診斷工具表

序號	形象診斷點	評估說明
1	店面是否把行業的種類形態表現得出色	
2	該商圈對該商鋪是否適合	
3	店鋪的規劃是否適合購買對象及其購買習慣	
4	該店鋪的名號能否讓人一聽就知道營業的性質	
5	店鋪進出情況是否設計得令人覺得很便利	
6	店鋪店面的開放程度有多少	
7	正面的招牌位置和大小即廣告的效果是否適合店鋪	
8	向外伸出的招牌的大小及其位置是否良好	
9	零散附屬的小廣告板的情形如何	
10	廣告招牌的設計和營業的種類是否適合	
11	招牌上的字體和色彩是否與營業的種類和形態相符合	
12	燈光是否明亮，吸引顧客	
13	招牌的照明度是否足夠	
14	招牌的形象是否良好	
15	招牌的廣告價值如何	
16	招牌的設計是否注意到讓它在夜間時也能照樣醒目	
17	招牌是自己製作的還是廣告商或大批發商提供的	
18	店面的設計是否讓人感到親切	
19	店面的情形是否整頓得很好	
20	店面的設計是否充分	
21	進入店內時，自行車或行李箱是否會妨礙通行	
22	出入口的位置是否設計得恰當	
23	店面前是否要擺設攤位實行銷售活動	

24	店面內的特價專櫃是否能隨時移動	
25	特價櫃台是否會妨礙到其他客人的入店	
26	店鋪的設計是否讓人對季節的變化感到敏感	
27	內部裝修是否與品牌風格統一	
28	內部陳列主題是否鮮明	
29	重點陳列的貨品是不是訂貨量最大的貨品	
30	重點照明是否合理地用在重點陳列的位置	
31	貨品陳列區域是否按照功能進行劃分	
32	賣場的佈局是否有顧客到達不了的死角	
33	賣場貨品陳列是否擁擠或過於稀疏	
34	模特是否乾淨無缺損	
35	POP是否與當季貨品相符	
36	POP促銷內容是否簡潔、突出、有吸引力	
37	試衣間是否乾淨整潔	
38	試衣間是否備有乾淨的備用鞋及坐凳	
39	試衣間門的開關是否完好	
40	道具是否符合季節，符合服裝的風格	
41	道具是否乾淨完好	
42	店內溫度是否適宜，是否有過冷或過熱現象	
43	店內是否有異味：飯菜味、刺鼻的香水味或其他難聞的味道	
44	店內通風系統是否完好	
45	店鋪內音樂音量是否適中	
46	店鋪內樂曲的選擇是否符合品牌定位	
47	店鋪內樂曲是否循環播放	

1.外內部形象因素

表 8-2　店鋪外內部形象因素

外內部形象因素	作用	設計原則
店名	樹立店鋪美好的形象，增強對顧客的吸引力，就必須得有一個好的店鋪名，即要有創意、有內涵，又要適合目標顧客的層次，適合其經營宗旨和情調	・名稱要有創意。要堅持易讀、易記的原則。要求店名要簡潔明快、獨特、新穎、響亮、有氣魄。新穎的店名總是具有時代感，能提出新鮮的概念，能吸引顧客的眼球 ・要堅持含有寓意的原則。好的店名使人看到或聽到名稱就能感受到店鋪的經營理念，從而有助於店鋪樹立良好的形象 ・要對顧客做到啟發聯想原則。要讓消費者能從中得到聯想，才是最好的店鋪名。這種聯想是愉快的聯想，而不是消極的聯想，也就是討個吉利的名字 ・要支援標誌物的原則。如麥當勞醒目的黃顏色的M、蘋果牌電腦的缺一塊的蘋果等。當店名能夠刺激和維持店鋪標識物的識別功能時，店鋪的整體效果就加強了 ・要做到規範的原則。應儘量向國際慣例靠近，力求規範統一

續表

店招	店名招牌本身就應是設計成具有特定意義的廣告，原則是既要做到引人注目，又要與店面設計融為一體，給人以完美的外觀形象	‧ 招牌的安裝必須做到新穎、醒目、簡明及美觀大方，夜晚應配以霓虹燈招牌，既能引起顧客注意，更能使顧客或過往行人在較遠或多個角度都能較清晰地看見。安裝的方式有多種選擇，例如可以是直立式、壁式，也可以是懸吊式的 ‧ 招牌風格要直接反映商店的經營內容。如果能夠製作成與經營內容相一致的形象或圖形，那麼更能增強招牌的直接感召力。例如服裝店，由於服飾店的經營範圍不同，可以採用不同類型的招牌。女裝店可選擇時尚感強的招牌，且招牌的顏色要醒目；男裝店多以西服為主，較正式，招牌要適應這種風格，顯得莊重；童裝店則要活潑、有趣，能吸引小朋友
店招	店名招牌本身就應是設計成具有特定意義的廣告，原則是既要做到引人注目，又要與店面設計融為一體，給人以完美的外觀形象	‧ 考慮字體的選擇和完整。不能用歪歪扭扭的字體，不能出現錯別字等，更不能用生拼硬造出來的文字

續表

店鋪的外觀設計	店鋪的外觀是給人的整體感覺，體現店鋪的檔次和個性。因此外觀設計要在堅持創新的基礎上與品牌定位相結合	店鋪的外觀應該清潔整齊，許多成功的店鋪除了每年兩次的換季調整店鋪和商品外，每隔幾年就要重新裝修一次，以滿足實際經營需要和時代的變化
櫥窗	櫥窗展示給消費者傳達當季的流行信息及主打產品信息	·櫥窗陳列應該要吸引入 ·櫥窗陳列要以展示商品、服務顧客為原則（要考慮櫥窗陳列的高度和它能夠傳達給顧客的信息） ·櫥窗陳列要有主題 ·櫥窗陳列時，模特之間要有內在的聯繫 ·櫥窗陳列時要有新鮮感 ·櫥窗陳列時要注意燈光、色彩和清潔
裝修	裝修是體現品牌風格的重要因素	裝修風格要與品牌定位統一，例如現代風格還是傳統風格，淑女風格還是運動風格等

陳列 （道具、模特、燈光、POP）	陳列是合理規劃產品搭配的一種手段。讓產品有秩序地展示，並最大限度實現銷售	· 在做陳列時先規劃區域再規劃系列，例如休閒區、正裝區、飾品區，沙灘系列、假日系列等 · 陳列模特的擺放要根據重點陳列來規劃，擺放注意節奏感，而不能整個賣場平均分散 · 注意POP的設置要醒目，能夠起到傳達產品信息或是打折促銷信息的作用 · 店內的燈光要設置規劃好，一般在進店的重點陳列位置、模特陳列位置、店內燈箱位置採用重點照明，而其他部位採用普通照明
賣場佈局	佈局合理才能留住更多的顧客	賣場的佈局其實就是賣場顧客動線的規劃，合理的動線規劃才能讓顧客最大限度地轉到店鋪的每一個角落
試衣間	試衣間是店鋪的第二張臉，直接影響到顧客的感受	試衣間要乾淨、整潔，不能有垃圾桶，備用鞋要乾淨，色彩溫馨，溫度適中，不能有冰冷的感覺

2.其他因素

表 8-3　影響店鋪形象的其他因素

要素	店鋪形象細則
音樂	與店鋪風格相符，應播放舒緩的音樂，如鋼琴等高雅音樂，不要放一些街頭歌謠、另類音樂
氣味	店鋪的空氣應給人一種清新的感覺，店員應外出用餐以免產生異味。在店鋪的各個角落放一些空氣清新劑
溫度	賣場應有冷氣，特別是嚴冬和炎夏，保持賣場的合理溫度
衛生、清潔度	包括櫥窗、地面、吸頂、陳列貨架、玻璃櫃、服飾、配件的清潔，要求做到沒有一絲灰塵和指印，在玻璃櫃和貨櫃上不能堆放任何雜物和各種襯衫、鞋子的紙盒，保持清爽整潔
員工形象	員工儀容儀表、制服，言談舉止
更衣室	要求有椅子、拖鞋、掛鈎、墊子，保持清潔、寬暢、無異味，在更衣室不能堆放雜物和其他物品
頤客等候區	要求有沙發、茶几、茶水、糖果、報紙、雜誌、煙灰缸（乾淨、無煙頭）
洗手間	氣味清新、地面乾燥、有手紙

二、店鋪立地診斷

1.什麼是立地診斷

店鋪選址問題是一個很複雜的商業決策過程，首先把明顯不符合選址要求的區域排除在外，其次，以專題地圖的形式把選出大致合適的地區再做進一步分析；再結合相關的數據組織方式和地圖表達形式，對店址選擇相關的主要因素進行評價；最後，在確定的範圍內作出具體位置的預選。

在進行選址分析時，除了進行商圈調查之外，更是以便利消費者為首要原則。只有從節省消費者的購物時間、購買精力、購買費用的角度出發，最大限度地滿足消費者的需要，才能獲得消費者更多的支持和信賴。

屈臣氏連鎖店，針對的往往是具有衝動型消費特性的目標客戶，所以屈臣氏對店鋪的要求必須是位置醒目、能見度高，且就商場整體佈局、客流動線來說，店鋪最好處於人流必經之地。

屈臣氏最終將選址標準定位於商圈的中心商務區內，租賃大型高檔商場的店面，中心商務區內客流量大，信息傳遞較快，便於屈臣氏面向消費者進行宣傳，並對消費者起到引領作用，同時賦予了屈臣氏強大的生命力。

店鋪立地診斷是對店鋪所處城市、城市消費指數分析、店鋪人流量統計、週圍品牌分析、週圍商圈及可利用公共設施(涵蓋網站)等方面的診斷。

　　店鋪所處商圈決定了店鋪的客流量、消費人群定位和消費結構。

　　瞭解競爭對手有利於店鋪制定競爭策略，有利於在市場中把握先機。

- 品牌形象、店鋪形象決定了客流的進店率。
- 櫥窗的展示可以起到提升店鋪形象、吸引客流的作用。
- 對店鋪細節的有效處理，可以提升店鋪形象；對細節處理不到位，則會有損店鋪形象。
- 客流進入店鋪後，如何使他們按照既定路線行進？
- 合理的客流動線設計可以使客流到達店鋪的每一個角落，提高店鋪的容量和成交率。

2.店鋪的流量

　　店鋪所在商圈決定了顧客數目、客流量、消費人群和消費結構。店鋪的客流量、消費人群和消費結構一般情況下是由店鋪所在的商圈決定的。商圈的規模決定了店鋪潛在顧客的數量、購買力以及需求商品的檔次，因此商圈的選擇應該與店鋪的賣力、經營特點相匹配，這樣店鋪才能夠達到顧客的需求，實現零距離接觸。對於店鋪商圈的評估是店址選擇的先決條件，也是制約店鋪經營的關鍵內容。商圈選擇是否合理，是否符合店鋪的自身經營方向決定了店鋪的成敗，決定了是否能夠形成銷售績效，實現利潤目標。

　　另外，商圈的環境也決定了店鋪在經營過程中面臨的競爭環境，競爭對手的數量和實力也是店鋪經營過程中的影響因素，因此選擇健康的、良性的競爭環境對於店鋪的經營會起到

推動作用。相反,如果商圈中存在惡意競爭者,透過不正當的手段經營,將會遏制本店鋪的正常經營。

XXX品牌店客流量調查,對該店的觀察情況如表 8-4 所示。

表 8-4　店鋪在三個時段的客流數據

日期	統計時間	地點	統計人數	客流量	
				左側客流	右側客流
	8:51～8:56 (5分鐘)	店外	138	81	57
	15:20～15:30 (10分鐘)	店外	578	323	255
	15:40～15:50 (10分鐘)	店外	530	296	234

透過客流量分析,不同時間段內的有效客戶不同。左右門的客流明顯不均衡,左側人流量遠大於右側人流量。因此,櫥窗陳列,特別是模特的朝向及相關道具的擺放方向需考慮以朝向左側人流為主,同時關注基於人流的主流向的店鋪內設置顧客流動線及黃金陳列區的位置。

表 8-5　店鋪巡查評核表

日期：　　　　天氣：　　　巡查地點：　　　　巡查人：

外部巡查				
項目	內容記錄			備註說明
商圈巡查	客流情況			
	商圈定位			
	顧客定位			
	品牌結構			
	促銷狀況			
競爭品巡查	品牌	A品牌	B品牌	
		讚賞點 不足之處	讚賞點 不足之處	
	品牌定位			
	陳列形象			
	顧客服務			
	人員管理			
	賣場管理			
	貨品情況			
	促銷活動			
內部巡查				
類別	檢核項目	情況記錄	改進建議	
店外環境	店外的燈箱、招牌、門口清潔情況			
	門頭海報、水牌活動標識			
	櫥窗陳列展示			
	門位模特穿著			
	從外向內觀看陳列器架佈局			

續表

內部巡查			
類別	檢核項目	情況記錄	改進建議
店內環境	燈光運作		
	音樂播放		
	地面衛生清潔狀況		
	試衣間衛生整潔程摩		
	收銀台衛生整潔程度		
	陳列道具、模特狀況		
	吊牌上標準打簽、物價簽符合物價局標準		
	陳列貨品規範程度		
	半/全模特組合搭配、配件符合標準程度		
店鋪文檔	文件分類擺放、整潔有序		
	文檔內容完整		
倉庫環境	衛生狀況良好		
	貨品數量合理性		
	倉內貨品擺放合理性		
	倉內空間合理性		
服務情況	儀容儀表標準程度		
	打招呼		
	瞭解需求		
	貨品介紹		
	試穿與附加推銷		
	收銀流程		
	售後服務		
	店鋪團隊精神表現		

3.屈臣氏店鋪新址

其實，只要透過屈臣氏其他一些零售企業的品牌信息種選址標準進行對比，可以明顯看到，由於屈臣氏在經營模式上擁有先進的管理經驗和產品管道雙保險，屈臣氏在拓展門店時相比嬌蘭佳人則走得更隱。

表 8-6　屈臣氏與嬌蘭佳人選址標準

企業對比	屈臣氏	嬌蘭佳人
業態	專業店	日化
首選物業	商業綜合體、購物中心、商業街、寫字樓底商及配套商業、專業市場	商業綜合體、購物中心、商業街
物業使用	租賃	租賃
需求面積	300～500平方米	60～100平方米
合約期限	10年以上	5～10年

一直以來，屈臣氏認為最繁華的地段是屈臣氏的首選；其次是有大量客流的街道或是大商場、機場以及 A 級寫字樓。很多連鎖店追著屈臣氏開店，因為屈臣氏的店總是人氣旺盛。所以對比屈臣氏與嬌蘭佳人的選址標準，我們可以明顯看出，兩者不僅在選址面積方面有著明顯差異:屈臣氏以 300～500 平方米為主，而嬌蘭佳人只是以 60～100 平方米為主；而且由於屈臣氏將門店開設在購物中心以及一些底商中，而嬌蘭佳人將門店開在街邊，兩者在經營成本和區域影響力方面也是不能等同的。

毋庸置疑，選址問題既需要「感性」考慮，更需要「理性」

分析，即選址問題不僅主要取決於店鋪位置的地形特點及其週圍的人口狀況、城市設施狀況，而且交通條件、地租成本和競爭環境等也會產生不同程度的影響。

選址問題是一個很複雜的綜合性商業決策過程：首先，要把明顯不符合選址要求的區域排除在外；其次，以專題地圖的形式把選出大致合適的地區再做進一步分析；再次，結合相關的數據組織方式和地圖表達形式，對店址選擇相關的主要因素進行評價；最後，在確定的範圍內作出具體位置的預選。

所以，屈臣氏在進行選址分析時，除了進行商圈調查之外，更是以便利消費者為首要原則。只有從節省消費者的購物時間、購買精力、購買費用的角度出發，最大限度地滿足消費者的需要，才能獲得消費者更多的支持和信賴。

表 8-7　屈臣氏選址標準

1	人流彙集點，即店鋪區域的流動人口量在4000～8000人次/天
2	臨交通主動線，可視性好，一般要求在50米以外易見，有較好的招牌廣告位，且無進店障礙
3	繁華的區域型、社區型的商業街市上，商業、商務密集、商圈成熟區域，以及市商業中心或區域商業中心
4	使用面積200～300平方米，地上一層佈局方正為佳，有獨立的進、出口，淨高不低於3.2米，形象展示好
5	租賃年限一般在10年以上，具備清晰的產權證明等相關法律文件

屈臣氏針對的往往是具有衝動型消費特性的目標客戶，所以屈臣氏對店鋪的要求必須是位置醒目、能見度高，且就商場

整體佈局、客流動線來說，店鋪最好處於人流必經之地。

可以說，屈臣氏最終將選址標準定位於商圈的中心商務區內，租賃大型高檔商場的店面，不但由於中心商務區內客流量大，信息傳遞較快，便於屈臣氏面向消費者進行宣傳，並對消費者起到引領作用，同時賦予了屈臣氏強大的生命力。

三、診斷店內客戶行走路線

客戶動線分析是一種很有效的分析方法，可以觀察到很多其他方法無法發現的客戶消費行為，可以為調整商店佈局、貨架、商品相關性陳列提供有用的依據。

（一）客戶在商店的逗留時間

客戶在商店的逗留時間越長，購物的可能性越大，根據統計，購買商品的客戶在商店逗留的時間，是未購物客戶逗留時間的 3～4 倍。

消費者在商店的購物效率有兩種極端的情況。一種是效率極低的客戶，他們喜歡在賣場逛來逛去，只有 20%～30%的時間真正用於購物，他們的很多行走路線是無效的，在賣場的行為更像是休閒而不是購物。另一種客戶的購物效率則極高，這類客戶在賣場中逗留的時間很短，例如在某超市，17:00～18:00 這一銷售時段在商店出現的客戶，基本上都是徑直走到某個櫃台取出商品，而不是隨意閒逛，這說明這些客戶是常來的客戶，對於商店很熟悉，而且對商店的商品信任度極高，客戶選擇商

品的目的性很強,這是一種典型的行走路線與購物行為的關係。

(二)入店鋪後的客流線路

客流進入店鋪後,如何使他們按照既定路線行進?

顧客被成功吸引到店鋪後,形成買賣關係還有一個決定性環節,那就是顧客的參觀路線,當然線路制訂出來後,需要店鋪人員引導顧客按照事先設定好的最佳路線參觀。合理的客流動線設計可以使客流到達店鋪的每一個角落,提高店鋪的容量和成交率。

很多情況下,店鋪沒有進行過路線研究,也就不知道顧客參觀路線對買賣關係性能的影響。設想一下,如果顧客進入店鋪後,按照自己的習慣或是商品偏好進行挑選,很有可能因為流覽幾個地方之後沒有找到自己心儀的商品就離開,殊不知其實店鋪中還有很多角落並沒有去,這樣店鋪就失去了形成銷售的機會。因此,如何使顧客按照最優路線參觀是店鋪需要考慮的重要問題。很多顧客到店鋪的行為都是隨意的,進入店鋪之後的挑選也沒有很強的目的性。如果這個時候能夠有店員去引導他的消費行為,就會大大增加成功銷售商品的機會。使顧客在按照最佳路線挑選出自己所需商品的同時還能夠全面瞭解店鋪的其他商品,同時,店員的介紹還能在顧客沒有購買目標的情況下引導其消費。

跟蹤客戶在商店中的行走路線,找出客戶在下意識中的習慣行走路線,喜歡光顧的櫃台、貨架,瞭解客戶在特定商品前停留的時間,確定商店商品的佈局及陳列是否合理。客戶動線

需要大量的人力進行跟蹤，並將客戶動線用圖形方式進行標註，圖 8-1 是一個簡單的客戶動線示意圖，在圖上可以清楚地看到商店的行走路線、主要光顧的櫃台、櫃台發生的購物行為等等。

客戶動線圖告訴我們，客戶在商店的副食櫃台購買了較多商品，飲料櫃台購買了較少商品，休閒食品則很少購買，客戶在酒類商品櫃台只是觀看。

圖 8-1 客戶動線圖

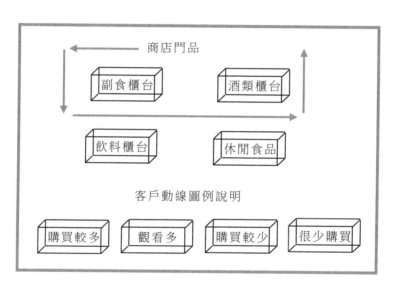

（三）店鋪形象會決定客流進店率！

店鋪形象、品牌形象就像人的衣服，決定了顧客對於店鋪的第一印象和認知，從而也就決定了客流的進店率。如果店鋪的形象能在競爭如林的環境中脫穎而出，吸引到顧客的注意力，那麼顧客進店選購商品的機會將會大幅度提高。

　　櫥窗的展示可以起到提升店鋪形象、吸引客流的作用，很多店鋪為了招攬顧客，都會在店鋪中設置櫥窗，以起到提升店鋪形象、吸引客流的作用。加設櫥窗，選用風格獨特的壁櫃等等都是透過提升細節形象來提升進店率的做法。

　　對細節處理不到位，可能會有損店鋪形象。店鋪的細節包括很多方面，例如店鋪內的燈光、商品配飾等等，這些細節能夠加深顧客對店鋪的視覺感受，從而激發顧客的參觀興趣。

　　顧客是否要走進店鋪進行消費，決定因素還是顧客的情緒。決定顧客購物情緒的重要因素就是店鋪形象，店鋪的形象可包括外部形象和內部形象，建立標準是每家店鋪形象管理工作完美體現的保證。

表 8-8　建立店鋪形象的標準

形象管理項	管理標準
收銀台的標準化管理	· 收銀台面乾淨整齊，只允許放置電腦、印表機、計算器、電話機、銷售小票、銷售日報、畫冊、筆 · 電腦屏保必須為公司統一屏保·所有器具統一為黑色(電話機、筆、滑鼠墊，及其他器具) · 垃圾桶放在收銀台後面，內置黑色垃圾袋，垃圾量不得超過垃圾筒容量的50% · 抽屜內物品要統一規範，不允許把配飾放在抽屜裏 · 收銀台內的購物袋整齊擺放，嚴格控制購物袋私用，特殊情況或貨品調撥使用舊的購物袋 · 收銀台內不允許放水杯、食品，衣架整齊放置收銀台指定位置，多餘的及時收進倉庫 · 收銀台上各種刀具、記號筆等用完後需妥善保管，避免收銀台面受損傷，影響美觀，收銀台內側不可粘貼任何東西

續表

店鋪中的 標準化管理	・陳列細節維護到位（疊裝、間距、展示方式……） ・每週必須做店鋪大掃除 ・撐衣杆放置在規定位置，熨斗、清潔用品使用後請收置倉庫，不允許長時間放在店鋪 ・貨品要細緻維護，保持整潔乾淨，不能有灰塵、毛髮、污漬、劃痕、油漬及人為損傷等 ・因員工行為造成的貨品損傷嚴重影響到銷售時要由店鋪賠償，不允許退倉
音樂的 標準化管理	・必須播放公司發放的應季音樂，不許播放其他音樂 ・音量控制以不嘈雜、不影響與顧客溝通、符合聽覺舒適度為準，同時可以足夠調節店鋪氣氛 ・CD要統一放在公司配發的CD盒內，不能隨意丟放，以避免劃傷
模特台/櫥窗 的 標準化管理	・模特挪動要小心，要定期進行保養 ・模特如果有損壞，必須報批零售經理方可更換新模特 ・模特及模特台保持乾淨，展示的服裝必須熨燙，穿戴規範整齊 ・保證衣物、配件季節性準確地展示 ・如有小衣櫥，保證陳列方式正確，展示品類豐富
試衣間的 標準化管理	・試衣間告示牌保持乾淨，內容必須與當時活動相符 ・試衣凳放置在試衣間右內角處，試衣鞋放置在試衣間門口處（左側）鞋頭向前，保持乾淨，擺放整齊 ・當試衣間無顧客，皮簾應保持同一側（右側）懸掛狀態 ・試衣間中時刻保持清潔無異味
休息間的 標準化管理	・員工私人物品單獨擺放，保持整潔有序，與公司物品隔離 ・庫房飲水機和水杯架放在遠離貨品的地方。水杯保持一致，且杯內不能有水，以防灑落 ・所有的清潔物品必須放在清潔車內，且遠離貨品。車內垃圾及時清理。若無清潔車，清潔物品要單獨擺放，保持整潔有序，且遠離貨品

四、診斷商店的商品線構成

診斷你商店的商品線,每一類商品就是一條商品線,如男裝店裏可能有西裝、襯衫、領帶和襪子等幾條商品線。商品群是依照商品觀念所集合成的商品群體,是門店商品分類的重要依據。

(一)商品線的構成

1.主力商品

主力商品是指完成銷售或銷售金額在商品銷售業績中佔舉足輕重地位的商品。商店主力商品的增減、經營業績的好壞直接影響商店效益的高低,進而決定商店的命運。主力商品的選擇體現了商場在市場中的定位以及整個商場在人們心目中的定位。主力商品的構成,一般可以考慮以下幾類:

(1)感覺性商品:在商品設計、格調上都與商場形象吻合並要予以重視的商品。

(2)季節性商品:配合季節的需要,能夠多銷的商品。

(3)選購性商品:與競爭者相比較容易被選擇的商品。

2.輔助商品

輔助商品是與主力商品具有相關性的商品。其特點是銷售力方面比較好,重點為:

(1)價廉物美的商品:在商品的設計、格調上可能不太重視,但對顧客而言,卻因價格便宜、實用性高受青睞。

(2)常備商品：此類商品對季節性不太敏感，無論在業態或業種上必須與主力商品具有關聯性而容易被顧客接受的商品。

(3)日用品：不需要特地到各處挑選，而是隨處可以買到的一般目的性商品。

3.附屬品

附屬品是輔助商品的一部份，對顧客而言也是易於購買的目的性商品。其重點為：

(1)易接受的商品：展現在賣場中，只要顧客看到，就很容易接受而且立即想買的商品。

(2)安定性商品：具有實用性但在設計、格調、流行性上無直接關係的商品，即使賣不出去也不會成為不良的滯銷品。

(3)常用的商品：日常所使用的商品，在顧客需要時可以立即指名購買的商品。

4.刺激性商品

為了刺激消費者的購買慾望，可以在上述三類商品群中選出重點商品，必要時挑出某些單品，以主題陳列方式在賣場顯眼處大量陳列，藉以帶動整體銷售。其重點為：

(1)戰略性商品：配合銷售戰略需要，用來吸引顧客，在短時間內以一定的目標數量來銷售的商品。

(2)待開發商品：為了考慮今後的大量銷售，商店積極地加以開發並與廠商配合所選出的重點商品。

(3)特選商品：以特別組合的方式加以陳列，成為吸引消費者並帶動消費者購買慾望的商品。

超市商圈客層，超市 5～10 千米的潛在商圈客層構成如

下：居民佔 70%、學生佔 30%。然而，根據顧客調查和店長現場觀察，在該賣場消費購物的顧客中，學生佔 60%以上，居民不足 40%。

這數據表明什麼？其實目前該店遇到了一個典型的商品構成問題：商品結構到底應如何傾斜？應該選擇那類客層為主流目標顧客？

如果門店還是選擇居民作為主流目標客層，則在市場調查的基礎上，必須對商品構成進行檢討：為什麼居民不喜歡我店的商品？

如果該店在檢討自己在商圈內競爭力的情況下，發現既然在爭取居民顧客方面爭不過競爭店，還不如做好自己既有客層——高校學生。則其可採取的對策有二：

一是重新評估賣場經營面積，因為佔商圈潛在客層 30%的高校學生可能根本支撐不了這麼一個大店，要考慮縮小賣場面積，或採取外租、聯營方式引入新的經營項目(如遊戲機、速食店等)。

二是重新定位商品構成，全部商品構成以學生為核心，縮小以家庭主婦為對象的商品構成，擴大學生消費品。如縮小生鮮區中的初級生鮮品(如肉類、水產、蔬菜經營面積)，增大生鮮區中的現場加工品、熟食、主食廚房等即食性商品，以商品構成調整呼應目標客層調整。

在優化商品結構的同時，應該優化門店的商品陳列，適當地調整無效的商品陳列面。對同一類商品的價格帶陳列和擺放也是調整的對象之一。

　　大多數連鎖門店的銷售系統與庫存系統都是連接的，後台電腦系統都能整理出門店每天、每週、每月的銷售排行榜，從中可以看出每一種商品的銷售情況，對滯銷商品要調查原因，如果無法改變滯銷情況就應該予以撤櫃處理。但對新上櫃的商品或者某些日常生活必需品，不要急於撤櫃。

　　銷售額高、週轉率快的商品不一定毛利高，而週轉率慢的商品未必就利潤低。沒有毛利的商品銷售額再高，其作用都有限，畢竟門店要生存，沒有利攔的商品短期內可以存在，但不應長期佔據貨架。看商品的貢獻率的目的在於找出對門店貢獻率高的商品，並使之銷售得更好。

　　連鎖門店週期性地增加商品的品種，補充門店的新鮮血液，以穩定自己的固定顧客群體。商品的更新率一般應控制在10%以下，最好在 5%左右。另外，新進商品的更新率也是考查採購人員的一項指標。需要導入的新商品應符合門店的商品定位，不應超出固有的價格帶，對價格高而無銷量的商品和無利潤的商品應適當予以淘汰。

（二）維持完整的商品線，才有利於客戶購買

　　感覺商店的銷售額下降時，店長應如何分析呢？首先分析顧客人數減少的原因，可分析銷售額，以「顧客單價×顧客人數」來判定。在此情況下，若提高顧客單價或顧客人數等任一項，就能提高銷售額。因此，銷售額降低時，分析其中任一項即可。

　　顧客人數減少使銷售額降低，可能是商店內商品不完整或

缺貨、店內氣氛零亂、顧客不知所需商品放在何處？沒有清潔感、或待客態度不佳等，都會使商店的常客減少。

應如何使銷售額提高？那就是增加顧客人數。

近來觀察更新的商店，多數指向提高顧客單價。原來以路面從事銷售的商店，在購物中心租用店面時。將忽視原來銷售的商品，而想銷售更高級的商品。結果使原來的常客認為高不可攀，不敢再度光臨，導致銷售額降低。

例如，室內裝潢、零售商、一般管理者等，都希望營造良好形象，展望前景良好以提高單價的商店。但無商品完整性的賣場，將使顧客失去選擇樂趣，形成不易進入的商店。藉營造豪華商店，以提高顧客單價，都是從商店立場而言，並非顧客的意願。

為何顧客人數增加，會使銷售額增加呢？若顧客第一次購物留下良好印象，再經二次、三次的買賣產生更好的印象，而成為本商店的常客。

但前往商店診斷時，應以顧客的觀點發現商店的優點，以增加顧客人數，再以口傳或傳單等向顧客訴求本商店的優點。換言之，增加顧客人數即增加支持人數，再從這些人之中選取最好的常客，則顧客單價自然提高。

一旦變成最佳商店時，顧客人數和顧客單價共同出現上升現象之原因即在此。所謂提高顧客單價，並非對只有 1000 元預算的顧客推銷 1500 元的商品，而是從 400 元、600 元預算的顧客中選擇 1000 元、2000 元的顧客。因此，在本地區最佳商店或老牌知名度高的商店，就能推銷高單價的商品，因顧客對商

店產生的信用有安全感。

1.商品完整，銷售額就會提高

強化商品的完整性，銷售額就會提高，已成為規則。諸位要買魚肉時，腦海中就會浮現至何家商店購買？此店可能是便宜、安全、或鮮度高、商品齊全的商店。

例如，你在書店買書，而住家附近有書店或車站附近有規模的書店，究竟要選那家？若買雜誌就選住家附近；但若買企業用書或專業書籍，則選車站附近的大型書店購買。但實際到車站附近的大型書店購書時，你會對賣場廣大、書籍種類繁多感到驚訝，產生難以尋找的情況。即使如此，顧客仍然到車站大型書店購買，且不僅買一、二本，而會坦然購買近千元高價的書籍。這是在商品完整的商店購買，所獲得購物滿足感。此外，不經意順道進入的商店，期待能發現自己喜歡的書籍，即是找過無數的書店，會有發現自己非常喜歡已知的樂趣。

假設諸位站在顧客立場，觀察商品完整的商店時，即能瞭解顧客經常前往此店的原因，故商品完整優良的商店，其銷售額自然提高。

2.商品完整性的主要標準

強化商品完整性時，應以何為優先順位？可使製造商別的商品完整性或依感覺準備商品等方式，尤其以價格為思考基準。

若希望瞭解價格結構時，可就產品與商品的差異即能理解；產品是製造廠商生產用語，商品則是零售商購買使用的名詞。當顧客購買時，看商品價目表即能與銷售人員討價還價，顧客購物時必然先看價格表以確認價格，故以價格作為主要標

準，應從優先順位成為下列情況：

①等級……價格

②對象……年齡

③用途……日常用、正式場所用

④感覺……偏好、心情

強化商品完整性，若考慮壽命週期，則更能正確掌握市場營運活動的理念。

（三）要優化商品結構的依據

1.商品銷售排行榜

大多數連鎖門店的銷售系統與庫存系統都是連接的，後台電腦系統都能整理出門店每天、每週、每月的銷售排行榜，從中可以看出每一種商品的銷售情況，對滯銷商品要調查原因，如果無法改變滯銷情況就應該予以撤櫃處理。對新上櫃的商品或者某些日常生活必需品，不要急於撤櫃。

2.商品貢獻率

銷售額高、週轉率快的商品不一定毛利高，而週轉率慢的商品未必就利潤低。沒有毛利的商品銷售額再高，其作用都有限，畢竟門店要生存，沒有利攤的商品短期內可以存在，但不應長期佔據貨架。看商品的貢獻率的目的在於找出對門店貢獻率高的商品，並使之銷售得更好。

3.損耗排行榜

該指標將直接影響商品的貢獻毛利。例如，日配商品的毛利雖然高，但由於其風險大、損耗多，可能純利不高。對損耗

商品的解決辦法一般是少訂貨，同時由供應商承擔一定的合理
損耗。另外，有些商品的損耗是商品的外包裝造成的，應該讓
供應商及時予以修改。

4.週轉率

商品的週轉率也是優化商品結構的指標之一。店長不希望
商品積壓影響資金流動，所以週轉率低的商品不能滯壓太多。

5.新進商品的更新率

連鎖門店週期性地增加商品的品種，補充門店的新鮮血
液，以穩定自己的固定顧客群體。商品的更新率一般應控制在
10%以下，最好在 5%左右。另外，新進商品的更新率也是考查
採購人員的一項指標。需要導入的新商品應符合門店的商品定
位，不應超出固有的價格帶，對價格高而無銷量的商品和無利
潤的商品應適當予以淘汰。

6.商品的陳列

在優化商品結構的同時，應該優化門店的商品陳列，適當
地調整無效的商品陳列面。對同一類商品的價格帶陳列和擺放
也是調整的對象之一。

（四）商品結構的 ABC 管理

明確規定公司商品的 ABC 分類管理，以便各部門對各類商
品定位、管理有清晰的意識，並在實際操作中認真執行，全面
提升公司效益，特制定本管理規定。

商品結構 ABC 分類管理是根據商品對超市銷售的貢獻度及
顧客對商品本身的需求度來對商品進行 A、B、C 類的分類管理，

透過對 A 類商品的優先引進、優先訂貨、優先收貨、優先陳列、優先結付，使 A 類商品產生更高的效益。同時透過對 C 類商品的調整，逐步淘汰滯銷商品，從而達到商品的優化組合。

在此系統中，規定：

⑴每月銷售金額佔總銷售金額 70%比例的商品為當月 A 類商品；

⑵每月銷售金額佔總銷售金額 20%比例的商品為當月 B 類商品；

⑶每月銷售金額佔總銷售金額 10%比例的商品為當月 C 類商品。

⑷電腦部負責每月 25 日列印當月 ABC 類商品報表，以便各部門能根據當月的 ABC 商品進行相應的管理。

採購部根據 ABC 類商品報表，加大與 A 類商品供應商的談判力度，爭取更多的 A 類商品促銷活動，或爭取 A 類商品更好的合作條件。同時對 C 類商品進行分析和調整，並逐步淘汰連續 4 週無銷售的 C 類商品。

營運部各門店店長根據各門店的 ABC 類商品報表，調整商品的陳列和庫存，確保 A 類商品都有較好的陳列，加大 A 類商品的訂貨量，確保 A 類商品的庫存；同時調整 C 類商品的陳列和庫存。

財務部根據 ABC 類商品報表，優先對 A 類商品的供應商結款，並可採取優惠的結算措施。同時慎重考慮對 C 類商品的供應商進行結付。

配送中心根據 ABC 類商品報表，優先對 A 類商品收貨、配

貨，同時檢查 C 類商品的庫存，並對採購部、財務部提出庫存調整意見。

五、店鋪陳列診斷

　　店鋪在擺上商品時，很多情況下，出於更好的展示商品的目的，會做一些輔助性的工作，例如指示牌、宣傳海報等等。這些輔助措施其實就是為了起到搭配作用，從而突出商品的特色。許多店鋪並沒有對於一些服務性空間和過渡性空間花費精力去設計或者導買點過於單一，使顧客覺得缺乏新鮮感，這就使得店鋪缺少了趣味感、親和力，也弱化了店鋪吸引顧客的能力。

　　合理的佈局商品擺放是為了能夠更好地突出商品的特點。很多商店的商品展示不夠系統，不能有效突出商品，消費者從視覺上感覺不舒服、不連貫，不能激起消費者的購買慾望，使重點商品的能見度不高。

　　很多店鋪的商品陳列缺乏藝術性和生動性，那樣就不會在第一時間引起顧客的關注，也就失去了最佳銷售時間。因此，商品的展示對於店鋪吸引顧客的目光，從而實現銷售起到了關鍵性的作用。

　　商品展示經常出現的問題如下：

　　‧模特的擺放位置不夠協調，層次感不夠強，沒有突出展示主題的系列組合效果；

　　‧貨場氣氛凌亂，沒有按照系列、色彩、功能進行設計，

收銀處的桌面比較亂，破壞品牌形象，欠缺終端店鋪運營管理規範體系，區域色彩陳列結構不合理（沒有主題，排列不規範、不合理）；

· 區域風格陳列結構混亂（風格不統一）；

· 陳列色彩混亂；

· 正掛陳列展示的件數、款式、內外搭配不合理；

· 側掛陳列展示的尺碼、件數、前後搭配、上下搭配不規範統一；

· 櫥窗陳列及模特的陳列展示結構不合理，無主題；

· 層板陳列的結構不合理（疊件不規範，沒有飾品配置）；

· 流水台陳列設置結構混亂；

· 飾品區域的陳列設置混亂；

· 形象牆的陳列沒有突出形象系列的主題；

· 層板的陳列與道具的展示傳達目的信息不明確。

店鋪商品的陳列經常是千篇一律、缺乏個性。很多店鋪經常採用方格加島嶼的陳列方法，無論走進那家店鋪，除了顧客數量存在差別外，店鋪的結構設計、色彩設計甚至店內的 POP 設計都沒有太大的差別，難以激起顧客的購買慾望，因為所有的店鋪似乎都是一樣的。某些大型節日商品的擺設也毫無新意，耶誕節就擺上聖誕樹等等，這些方式不僅降低了促銷的效果，同時也會使消費者感到審美疲勞。

當店鋪的商品陳列過於零亂、缺乏整潔性，就會影響顧客的購買意願。因為商品擺放凌亂會讓顧客感到頭暈和迷失，也不會對這家店留下好印象，這樣會導致損失顧客，也將對店鋪

造成不良影響。店鋪商品的分佈不合理，自然也就不適應顧客需求。店鋪的商品佈局應該是建立在對消費者購買習慣的充分分析上，這樣才能夠做到以顧客需求為中心，從而達到顧客需求層次，引導顧客消費。如果商品的陳列不能充分估計到顧客的心理，那麼顧客在購買過程中就不會感覺到便利和舒適。

　　店鋪有效進行商品陳列的關鍵是瞭解顧客的心理。消費者在購買商品時都會經歷一個心理過程：感知→興趣→注意→聯想→慾求→比較→決定→購買，每一個進入店鋪的消費者，購買到稱心如意的產品都會經歷相同的心理活動。根據這條規律，為了能夠使顧客順利達成購買，商品在陳列方面，必須滿足消費者的這一個心理過程。因此，店鋪經營著要仔細研究消費者的心理，只有店鋪的佈置規劃、色彩搭配、商品陳列方面充分符合消費者的心理，店鋪才能夠吸引到顧客。

　　一個有效的商品陳列風格有利於商品的展示和銷售──透過傳遞商品信息，也可以提升店鋪的形象。陳列的目的是要使顧客一進到店鋪，就能在最短的時間內知道店鋪的商品種類，從而找到自己所需的商品。一般店鋪會把重點商品和新進商品擺放在最明顯的地方，這樣就可以以一種無聲的方式傳達店鋪商品的信息，特別是最新信息。

　　一個良好的、陳列有序的商品佈局能夠營造出舒適的購買環境，提升店鋪的形象，也能夠增加顧客對店鋪的好感，顧客也就很高興購買店鋪的商品。

　　好的陳列為顧客提供了舒適的購買環境，顧客可以在這裏欣賞商品、瞭解商品，並定下購買意向，因此店鋪的佈局一定

要方便顧客的整個購買過程，這樣顧客才會願意在這裏消費，如果店鋪銷售各個環節的銜接不夠連貫，那麼顧客的購買活動可能會終止，那麼之前所有環節的努力將付之東流。

1.烘托出購買氣氛

殿堂氣氛是經營成功的重要因素，商場氣氛與商品陳列有直接的關係。可以採用多種商品的陳列方法，主題陳列、突出陳列、關聯陳列、懸掛陳列、箱式陳列、島嶼陳列等，商場可以根據自己的需求選擇合適的商品陳列方式。

2.要豐滿感，但要避免過分擁擠

商品展示過程中，種類和數量要充足，以刺激顧客的購買慾望。品種單調，貨架空蕩的商店，顧客是不願意進來的，可以規則擺放突出穩重感，也可以不規則地進行擺放，顯示一種隨便、隨和的親切感。

3.陳列要注重個性化，富有藝術性

店鋪之間的競爭日益激烈，市場的發展方向是買方市場，而人們的需求也隨著生活水準的提高而變得更加多樣化和複雜化，對店鋪陳列的要求也越來越高，店鋪陳列設計過程中，相對困難的一點是如何使消費者感覺到所選為最佳，這就需要店鋪的陳列設計注重個性化和藝術性，從而引發顧客的聯想，使之樂於購買。

4.店鋪陳列診斷的方式

・請店長講述店鋪陳列調整的原則及依據、方法、思路、流程等

・請店長講述現場陳列的格局，空間陳列調整的規劃，黃

金點的展示區域位置，店鋪區域如何劃分，員工區域如何劃分，新到貨品如何陳列，如何進行陳列培訓

　　·請店長講述店鋪銷售比較好的區域陳列及銷售比較差的區域陳列

　　·店鋪目前暢銷款及滯銷款的款式是那幾款？最暢銷和滯銷的尺碼是什麼？最暢銷和滯銷的顏色是什麼？最暢銷和滯銷的類別是什麼？銷售最大的一單是多少錢？是那一個系列？

　　·目前店鋪的配貨及備貨比例是多少？調場的頻率是多少？依據什麼來進行調整？是否有相關陳列人員協助？是否有相關陳列指導手冊？是否有相關的培訓指導？

　　·你認為目前店鋪陳列是否有問題？是否需要調整？

5.店鋪陳列診斷內容

店鋪陳列診斷內容

表 8-9　店鋪陳列診斷內容

視覺陳列模塊 診斷內容	①店鋪外部形象管理
	②店鋪陳列管理流程
	③店鋪櫥窗陳列流程
	④店鋪貨品陳列流程
	⑤店鋪陳列道具管理流程
	⑥店鋪環境音樂管理流程
	⑦店鋪裝修管理流程
	此模塊主要是診斷以上七大服務流程是否標準。

續表

店鋪陳列容易 出現的問題	①門頭的色彩與形象不夠統一 ②門頭燈光暗淡，內部燈光過亮或過暗，射燈燈光沒有照 　射在模特或者衣服上 ③櫥窗背景與品牌形象不匹配 ④店鋪動線設計不合理，留不住顧客 ⑤模特的擺放位置不夠協調，層次感不夠強，沒有突出展 　示主題的系列組合效果 ⑥貨場佈局凌亂，沒有按照系列、色彩、功能進行分類， 　收銀處的桌面比較亂，破壞品牌形象，欠缺終端店鋪運 　營管理規範體系，區域色彩陳列結構不合理(沒有主題， 　排列不規範、不合理) · 區域風格陳列結構混亂(風格不統一) · 陳列色彩混亂 · 正掛陳列展示的件數、款式、內外搭配不合理 · 側掛陳列展示的尺碼、件數、前後搭配、上下搭配不規 　範、不統一 · 櫥窗陳列及模特的陳列展示結構不合理、無主題 · 層板陳列的結構不合理(疊件不規範，沒有飾品配置) · 流水台陳列設置結構混亂 · 飾品區域的陳列設置混亂 · 形象牆的陳列沒有突出形象系列的主題 · 層板的陳列與道具的展示目的不明確

6.店鋪陳列的檢查工具

店鋪陳列日常維護檢查項目如表所示。

表 8-10　店鋪陳列日常維護檢查表

類別	檢核項目	情況記錄	改進建議
POP	POP配置對應於相關貨品陳列		
	POP足量且已規範使用		
	店內無殘損或過季POP		
櫥窗	櫥窗內無過多零散道具堆砌		
	同一櫥窗內不使用不同種模特		
	展示面視感均勻且各自設有焦點		
貨品展示	貨架上無過多不合理空檔		
	按系列、品種、性別、色系、尺碼依次設定整場貨品展示序列		
	出樣貨品包裝須全部拆封		
	貨架形態完好且容量完整		
	產品均已重覆對比出樣		
	疊裝紐位、襟位對齊且邊線對齊		
	掛裝紐、鏈、帶就位且配襯齊整		
	同型款服裝不使用不同種衣架		
	衣架朝向依據「問號原則」		
	整場貨品自外向內由淺色至深色		
	服飾展示體現色彩漸變和對比		
	獨立貨架間距不小於1.2米並無明顯盲區		
	由內場向外場貨架依次增高		
	店場光度充足且無明顯暗角		
	店場無殘損光源/燈箱，音響設備正常運作		
	照明無明顯光斑、炫目和高溫		
	折價促銷以獨立單元陳列展示且有明確標識		
	展示面內的道具、櫥窗、POP、燈箱整潔明淨		

7.店鋪的貨品診斷

店鋪貨品診斷內容如表 8-11 所示。

表 8-11　店鋪貨品診斷內容

貨品板塊 診斷的內容	①店鋪訂貨流程
	②店鋪收貨流程
	③店鋪補貨流程
	④店鋪退貨流程
	⑤店鋪換貨流程
	⑥店鋪調貨流程
	⑦店鋪盤點管理流程
	⑧店鋪盤點實施流程
	⑨店鋪倉庫管理流程
	⑩店鋪緊急調撥流程
	此板塊主要是診斷以上十大貨品管理流程是否標準，是否能有效執行
貨品板塊容易 出現的問題	·店面的設置不清楚、件數不清楚
	·對貨品波段的計劃不夠清晰、沒有科學依據
	·公司沒有部門協助支持，店長自己操作調整店鋪貨品陳列
	·店鋪沒有相關產品面料知識及商品陳列資料
	·無貨品類別的銷售分析及貨品的補貨結構分析
	·庫房的貨品存放欠合理，未按編號尺碼指定位置存放

8.店鋪陳列的診斷檢查

表 8-12　店鋪陳列標準

貨架的圖示及名稱	陳列標準
直身貨架	①按照陳列圖來進行陳列 ②陳列樽裝、灌裝、盒裝及重身貨物等，如日用品、保健品 ③貨架跟貨品之間留一定的空間，方便顧客拿取貨品 ④貨架第一層的貨品，儘量不要高於貨架頂部
斜身貨架	①按照陳列圖來進行陳列 ②陳列體積小及輕巧、小包裝等貨品。適用於糖果、藥品及一些飾物層架陳列 ③斜架有好多的陳列效果，清晰、吸引、整齊，可減低貨架存量 ④斜身貨架貨品前面應該加有擋板，防止貨品滑落 ⑤貨品要把貨架玻璃完全覆蓋
掛網貨架	按照陳列圖進行陳列
地台膠箱	①按照陳列圖進行陳列 ②地台膠箱顯示價錢的方法是，在膠箱的右側插有L形架 ③L形架的左邊放9cm×9cm特價牌，右邊放物價標籤
堆頭 (單支座)	①可擺放兩個堆頭，一般陳列於指定貨架旁 ②每個堆頭只能擺放同一品牌同一價錢的貨品，每一層貨品要品種齊全 ③保持商品在同一高度，僅在魚眼牌下 ④可從任何方面看到商品的正面 ⑤貨品的顏色垂直間色 ⑥將列印好的堆頭牌，面對貨品方向插進魚眼座

超級堆頭	①座板長一米，最長放兩種貨品，陳列季節性貨銷量大的貨品，第一層貨品要品種齊全 ②保持商品在同一高度，僅在魚眼牌下 ③可從任何方面看到商品的正面 ④貨品的顏色垂直間色 ⑤將列印好的堆頭牌，面對貨品方向插進魚眼座
網架堆頭	①用於陳列不容易擺放貨架的飾品，例如手提包 ②網架堆頭只能擺放同一品牌同一價錢的貨品，第一層貨品要品種齊全 ③陳列商品以顏色垂直間隔 ④商品陳列要面向顧客 ⑤將列印好的堆頭牌，面對貨品方向插入魚眼座
膠箱堆頭	①一個膠箱堆頭只能陳列兩種商品 ②將列印好的堆頭牌，面對貨品方向插進魚眼座 ③上面的貨品用堆頭牌顯示價錢，下面的貨品用9cm價格牌顯示價錢
貨架頂架 （熱賣 焦點）	①陳列同一系列主推貨品，可擺放多款貨品 ②當擺放多種貨品時，貨品應佔滿貨架，並用9cm價格牌顯示價格，插在每種貨品的中間位置 ③必須插上相應主題的色條
促銷架	①按照店鋪每次促銷的陳列指示或者當班安排陳列商品 ②只有同類型產品才可放在同一個促銷架上，並且產品必須是滿架量 ③一般是體積細小的產品放在促銷架的高幾層，體積較大放在下幾層次 ④每層促銷架需插相應主題的色條 ⑤每種貨品需有物價標籤顯示的價格 ⑥每種商品都必須使用9cm價格牌，插在商品的中間位置

續表

促銷膠箱	①促銷膠箱以組為單位陳列，分三層共九個膠箱為一組，一般陳列在貨架終端 ②促銷膠箱按照店鋪每次促銷的陳列指示或者店當班安排陳列，在同一組促銷膠箱內應以部門集中擺放，同主題或同部門放在一起 ③一個膠箱裏必須擺放同一品牌同一價格的貨品 ④膠箱內的貨品不用放得太滿（約佔膠箱的3/4，不得少於1/2），若貨品數量不足，可以用包裝紙包好的紙箱墊在膠箱底部，貨品放在上面 ⑤膠箱底部的貨品需整齊間色擺放，表明營造淩亂美，並且貨品的正面要面對客人 ⑥堆頭牌插在U形架內，並用螺絲固定位置
牆身架	①底層與頂層保持固定的距離：底層距離地面1540mm；頂層從上面距離第六個孔開始；中間兩層貨架因貨品的多少而調換或拿走，背板相應調換，固定背板 ②陳列同一種或兩種或同一系列的貨品，陳列有吸引力及體積較大的貨品，貨品必須垂直擺放陳列 ③牆身架共三層，迷你堆頭牌用U形架固定在頂部第一層的貨品中間位置 ④由上向下數，最下一層架需插相應主題的色條 ⑤有大畫板的店鋪，大畫板下面的兩米架應放一至兩種貨品，並用L形架固定迷你堆頭牌，放在貨架的左邊，如果兩米架放同一種貨品，需一米架一個迷你堆頭牌，放在貨架的左邊
島櫃	①放置小件的化妝品或者日用品 ②每格放置不同的貨品，貨量以滿格為準 ③價格牌應用L形架在色條處

側網	①側網高度不能高於架頂 ②第一行掛鈎應掛在側網有上面順數下來第四行上 ③每種貨品需有物價標籤和特價牌 ④商品種類垂直擺放 ⑤貨量應適中，不能半滿也不能太滿
四面屏風	①用於陳列獨家新品或者出租給供應商做某商品的展示 ②用於陳列獨家新品時，在頂部有機玻璃陳列「獨家新品」堆頭牌 ③在貨架上陳列「獨家新品」短條 ④在「新」和「獨家優惠」貨品貼上相應的彈跳牌 ⑤四面屏風同一使用「獨家新品」系列POP陳列
供應商陳列架	①供應商陳列架只能陳列該供應商的商品 ②每種貨品需有物價標籤和特價牌 ③貨品的陳列按照市場部相關的指示擺放 ④瞭解店鋪的分佈圖，合理放置供應商陳列架 ⑤注意供應商陳列架擺放的時間
雜誌架	擺放在相應貨品的貨架附近以便客人取閱
掛鏈	①適合陳列體積大件及重量較輕便的商品 ②商品顏色垂直間色，正面面向客人 ③價格牌應該放在掛連正上方，字跡清晰 ④不能露出掛鏈 ⑤掛鏈陳列的時間
冰箱	①冰箱應放在合適的位置上，並擺上季節性商品 ②冰箱裏面只能放置屈臣氏公司出產的水及飲料 ③時刻保持冰箱裏面有充足的貨量 ④在相應的商品前面，也要貼上物價標籤
雨傘架	①雨傘的陳列亦要間色 ②在下雨天時應把雨傘架放在門口位置 ③用正確的物件標籤和POP牌
大圖畫下面的陳列	以不超過大圖畫板為宜

9.商品陳列的十項要點

⑴每一項商品都有『面』，『面』就是『臉』，陳列時一定要將『面』朝向顧客，以吸引顧客的注意力。

⑵商品的分類、配置與陳列，一定要站在顧客的立場、從顧客的觀點、以顧客的便利、合顧客的需要，來規劃或『演出』。即商品的所在位置要讓消費者能輕易判別。

⑶要把商品的陳列面，整理得令顧客看起來有愉悅、舒暢、親切的感覺，並要能激起顧客禁不住想伸出手去觸摸的衝動。

⑷陳列架務求『豐滿』。由於銷售出去而發生『空缺』時，應隨時補充。

⑸商品堆疊要穩實，以防止掉落或巔巔危危使顧客不敢去碰取，而降低購買慾望。

⑹要以 POP 來配合陳列，提高集中顧客注意力的效果。

⑺陳列的設計要考慮賣場的整體性，要有韻律感。

⑻陳列也重調和、對比、對稱與比例。

⑼陳列要能把商品的價值，用很令人心動的氣氛表現出來。

⑽商品應採先入先出法。

10.不容忽視的十大陳列技巧作法

陳列是超級市場促銷方式中，使用最廣泛也最具直接效果的一種手段，不論是在招徠顧客、創造業績或建立形象方面，居功甚偉，不容業者忽視。再進一步指出十大陳列要領如下：

（一）隔物板的有效使用

隔物板是防止商品缺貨及維持陳列面所不可欠缺的，無它則難以掌握商品的固定位置，要補充商品也不知道正確位置，

東西賣完了也不知道。超級市場的隔物板，大多是透明壓克力製的。

（二）立體前追陳列

這種陳列的展示方法、目的及功能在使商品能夠讓顧客容易看到。將商品擺在貨架前面稍微突出的地方，可以產生美感及豐富感，受到顧客的注目，而成為顧客眼光集中的焦點。

（三）貼標籤的重點

(1)貼的位置要一致：位置由商店自己決定，但不論選貼何處，務必要能讓顧客看到。一般，凡是在貨架上段到中段的商品'標籤是貼在左下方：下段的商品，則貼在左上方。但千萬別貼在商品說明及製造日期上，而且要隨時檢查標籤上的價格，是否與價格卡(或產品資料卡)上相一致。

(2)對特價品，為加深顧客低價的印象，應標出原價和特價。

(3)標籤要緊貼、貼牢，以防止脫落或被顧客更換(以低換高)。

(4)標籤字體的大小、顏色的深淺要適中，除可表現商品的新鮮感外，也免收銀員看錯。

(5)使用有高級感的標籤紙。

（四）貨架的上下分段、

按高度劃分上段、黃金線、中段及下段，以女性眼睛的高度為基準。從眼睛到胸口的高度，是最容易看到的位置，稱之為『黃金線』：而從地面算起約 80 到 120 公分之間，是顧客最容易以手觸摸到的高度，稱之為『黃金位置』。一般而言，人手最容易觸摸到的高度區段，是從腰到眼睛，大約是 60 到 150

公分間的位置，而這個高度就是決定超級市場營業(銷售)業績的重要位置，所以一般主要銷售品項，都是陳列在這區段。基本上，如果是用二段陳列時，上段是展示陳列，下段則用量感陳列，但兩者要比例對稱及相互調和。如果是用三段陳列時，上段是展示陳列，中段是量感陳列，下段是展示陳列或是當做存貨式的陳列。使用這種陳列

的展示方法時，必須要注意到整體性，並且能製造出賣場的氣氛。

(1)上段：陳列希望顧客注意、觀賞或超級市場所應陳列的商品，要採用具有感覺性的陳列，並藉 POP 來提高集中顧客注意力的效果。

(2)黃金線：陳列具差別化(有特色)的商品、高利潤的商品、各店最主要的營業商品及今後看好會成長的商品。

(3)中段：陳列價格較便宜的商品、利潤較少的商品，也可陳列不需擺在明顯位置但銷售量很穩定的商品。

(4)下段：週轉率高的商品、體積大的商品、重的商品。

（五）引起顧客注目，使賣場富變化的方法

(1)端架陳列

‧在第二通道的端架上，製造出季節感及流行性，品項在五項左右。

‧以價格為訴求對象的端架陳列，要設在特賣通路邊，品項在二至三項之間。

‧端架之商品陳列要面向通道，此時可下用隔物板。

‧少量商品可用假像的陳列方式，製造出大量的感覺。

・以低價格為訴求對象的端架商品，以三天左右為一循環較恰當。

(2)槽溝陳列

・對於新商品、培育商品、高利潤商品等很有效。

・除去貨架板，陳列出半圓形的形狀(以立體前進陳列方式，是沒有效果的)。

・原則上以品項來展開，製造出大量感，位置是在黃金線上。

・若貨架是九尺的話，三尺是最理想的空間，陳列量是平常的四至五倍。

・為避免商品變成滯銷品，須控制陳列量，大致可推出二至三種品項。

(3)突出陳列

・可視為小型的槽溝陳列，只要將現在的陳列，稍微變通一下就可吸引顧客注意。

・可利用一些器具和小籃子來販賣相關商品，陳列用的籃若是壓克力製的話容易變髒，也易積灰塵及污垢，可用不銹鋼、電鍍金屬、竹製、籐製的籃子。

・陳列在黃金線上最有效，若貨架是九尺，以陳列兩處為適當。

（六）集中焦點的陳列

(1)目的是要把顧客的注意力，吸引到某個固定的陳列點上去。

(2)把照明、色彩、形狀、及裝置或一些裝飾品、小道具等，

都當作是陳列的器材加以運用，而製造出一個能夠吸引顧客視線集中的地方。

（七）製造出季節感的陳列

(1)季節性很強的商品，在季節來臨時，顧客的需求及購買慾自然會增大，因此，在賣場佈置一個充滿季節氣氛的陳列、擺設，是必要的。

(2)可以使用裝飾物品、小道具、商品色彩、POP 等，造出季節性的氣氛。

（八）製造出豐富感的陳列

也稱為『量感陳列』，即運用陳列的技巧，使顧客在視覺上感覺商品的量很多、很大、很豐富。

(1)要集合同品種的商品，例如鳳梨罐頭。不要以廠商別來陳列，要以碎肉的或整片的來區分，以垂直方式來陳列。

(2)三品項以下時，橫的陳列比直的陳列，較能表現出豐富感。

(3)將貨架最下層的貨架板向前拉出廿公分，可表現出賣場的大量感及安定感。很狹窄的店鋪，只要推出單邊貨架板即可。

(4)在大量陳列時，要盡量把商品的面，設計成各種富有變化的形式，以免流於單調。

(5)同種類的商品，要採用縱的陳列。

（九）商品的利潤與陳列

(1)顧客對在價格上較敏感的商品，必須講求低廉，可陳列在不太引人注目，此中段還要下麵的地方。

(2)自有品牌利潤，較全國性品牌為高者，可給予較大之陳

列面。

(3)利潤較低的商品,可利用同品種的相關性商品來彌補。

(4)考慮到烹飪方面的關連性,來陳列商品以提高客單價。

(十) 製作商品使用的背景和使用的狀態

(1)設計一個某商品使用時的背景,然後再在其上陳列該件物品。這樣會使該商品更具真實感,而受到顧客更深的注目。

(2)與其呆板地把商品擺設在陳列架上面,倒不如是把該商品使用時的狀態,一起展示出來,這樣一定更能引發顧客的聯想和購買慾。

六、診斷你的賣場 POP 宣傳

無論是店頭促銷,還是現場促銷、展示促銷,都少不了 POP 廣告的大力相助。

POP 廣告(Point of Purchase Advertising)是指賣場中能促進銷售的廣告,也稱做售點廣告,可以說凡是在店內提供商品與服務資訊的廣告、指示牌、引導等標誌,都可以稱為 POP 廣告。

POP 廣告的任務是簡潔地介紹商品,如商品的特色、價格、用途與價值等,可以把 POP 廣告功能界定為商品與顧客之間的對話,沒有營業員仲介的自助式銷售方式,更是非常需要 POP 廣告的,需要 POP 廣告來溝通與消費者的關係。

POP 廣告的任務就是簡潔地介紹商品的有關情況,例如商品的特色、性能、價格、用途、價值等,從而刺激消費者的購

買慾。

（一）POP 廣告對促銷的作用

1.傳達店內的商品資訊

　　吸引路人進入超級市場；告知顧客在銷售什麼；告知商品的位置配置；簡潔告知商品的特性；告知顧客最新的商品供應資訊；告知商品的價格；告知特價商品；刺激顧客的購買慾；賣場的活性化；促進商品的銷售。

2.創造店內購物氣氛

　　隨著消費者收入水準的提高，不僅其購買行為的隨意性增強，而且消費需求的層次也在不斷提高。消費者在購物過程中，不僅要求能購買到稱心如意的商品，同時也要求購物環境舒適。

　　POP 廣告既能為購物現場的消費者提供資訊、介紹商品，又能美化環境、營造購物氣氛，在滿足消費者精神需要、刺激其採取購買行動方面有獨特的功效。

3.促進與供應商之間的互惠互利

　　通過促銷活動，可以擴大供應商的知名度，增強其影響力，從而促進超級市場與供應商之間的互惠互利。

4.突出的形象，吸引更多的消費者來店購買

　　據分析，消費者的購買階段分為：注目、興趣、聯想、確認、行動。所以，如何吸引顧客的眼光，達到使其購買的目的，POP 廣告功不可沒。

　　POP 廣告在實際運用時，可以根據不同的標準劃分。普遍使用的 POP 類型有：招牌 POP，貨架 POP，招貼 POP，懸掛 POP，

標誌 POP，包裝 POP，燈箱 POP。

POP 廣告的說明文運用得好，會大大地促進商品的銷售。POP 廣告短語促銷效果的調查實例，由該表還可以看出，POP 廣告短語並非局限在「價格便宜」這種單一的文字訴求上，而是從各個角度刺激顧客對該商品產生深刻的感受，重點訴求的是該商品對顧客的效用價值。

（二）商品的 POP 宣傳

店鋪 POP 宣傳的目的是將店鋪的商品資料傳達給顧客。因此它關係到顧客對於店鋪商品資料的接受程度，進而影響到顧客進店挑選商品的幾率，因此店鋪 POP 宣傳的成功與否關係到店鋪的業績。

有的店鋪會採用條幅的形式或者海報來介紹店鋪的商品及現階段的促銷活動，一般情況下，這種形式的宣傳一定是放在最醒目的地方，讓消費者能夠一眼就看到，大小也要適中，有的店鋪的條幅或海報製作偏小，所以就壓縮了字體的大小，顧客雖然看到了條幅，但是由於條幅上的字無法看清楚，也就不願意仔細看，這樣店鋪的宣傳就沒有起到作用。

很多店鋪都採取了 POP 宣傳的方法，但是因為一些細節的欠缺導致宣傳並沒有起到很大的促進銷售的作用，反而影響到店鋪的形象，這樣就得不償失了。

所謂 POP(Point of Purchase)是「購買視點廣告」的縮略語。對經營者而言，POP 宣傳海報扮演著銷售員的角色，它可以實現傳播信息、促銷商品、重視消費者感受與需求的功能，

因此成功的海報可以減少店鋪在人力、財務方面的額外支出。這種宣傳海報，樣式風格多種多樣，層出不窮。有的店鋪的 POP 廣告成功地將自己的商品展示出來，並使消費者心理產生共鳴，激發了消費者對商品的需求慾望。

對顧客而言，他們希望能夠在最短的時間瞭解到商品的信息以及店鋪的銷售活動，因此他們已經慢慢習慣於借助店鋪內外 POP 的廣告獲取信息。

但是我們也不乏看到一些失敗的案例。試想一下，在冬天，當消費者看到秋季產品的廣告時，他會是什麼樣的感受，他會覺得這家店鋪的管理不規範，從而對店鋪的檔次和商品的品質產生懷疑；當消費者看到海報中有特殊字體他看不懂或是有明顯的錯別字時，他的心理又會產生什麼樣的情緒呢？當他們看到不懂的字體時，往往就不會接著看，因為他們會覺得無法得到準確的信息，也就不會花費更多的時間去閱讀。當廣告宣傳海報中出現錯別字的時候，消費者對於店鋪就會產生一種不信任的感覺，也不會認真關注商品的內容，因此，店鋪想透過廣告傳播商品信息和店鋪形象的願望將會成為泡影。

七、診斷有招客能力的招牌和櫥窗

1.診斷招牌

以美國為例，很多購物中心、食品店或漢堡店，為了強調店鋪的個性，無不處心積慮建立獨特的形象，譬如在店鋪入口處設置大型的人物或動物塑像，同時播放輕鬆、愉悅的廣告音

樂，以製造歡樂的氣氛，這些巧妙的店面設計，極容易獲得顧
客的喜愛。

　　華盛頓以北七十公里處的巴爾的摩市，人口約有八十萬，
此地有一家名叫「港區」的購物中心，是利用港口倉庫改建而
成，開幕以來，頗受當地消費者的歡迎。

　　該店設於港口附近，店前陳列著一艘古老的帆船，成為這
家購物中心的獨特商標，由於設計頗富匠意，顧客亦可自由上
船參觀，自然而然成為該店招攬顧客時，最有力的促銷武器。

　　洛杉磯一家「莫耳古城」專門出售二十世紀初期的商品，
頗具獨特的復古式格調。該店針對顧客的需要，於入口處擺設
一輛陳舊的電車，作為店鋪的標誌，給人留下深刻的印象，至
於店鋪內的陳設，也巧意加以佈置，譬如安置旋轉木馬之類，
招來不少顧客前來觀看。

　　美國有不少的店鋪標誌，往往喜歡利用大型的道具，刻意
製作該店的象徵，以建立獨具一格的店鋪個性，藉此也能拉近
與顧客的距離，給人留下深刻的印象。

2.診斷店鋪的櫥窗

　　櫥窗是商店的對外窗口，又是商店商品經營的演示台，它
集中了商場中最敏感的商品信息。如果能夠充分利用好櫥窗的
展示作用，對於現場展示促銷活動就會產生極好的效果。

　　櫥窗設計的功能，櫥窗具有以下的幾方面的作用：

⑴引起行人的注意

　　一個設計新穎、構思獨特、獨具匠心的櫥窗設計，會很容
易引起行人的注意，成爲商場很好的宣傳媒介。當人們路過商

場的時候，就會仔細打量一下，在腦海中留下一定的印象，從而起到一種廣告宣傳的作用。

(2)展示商品

商場可以將促銷商品、或者是最新的商品、或者是獨具特色的商品擺放在櫥窗中，向人們展示商品的性能、價格，吸引人們的注意。

(3)刺激顧客的購買慾望

櫥窗展示不僅可以讓人們知道商品的性能、價格等有關情況，有時候還能說服潛在消費者走進商場，進行參觀，有的甚至會有當即購買、立竿見影的促銷作用。

在現實中許多商場都忽視了櫥窗的作用，它們或者將櫥窗認爲是可有可無的地方，或者是不知道如何利用櫥窗展示功能，或者是在設計櫥窗時觀念陳舊，體現不出藝術美，達不到展示促銷的效果。

由於櫥窗有以上多方面的作用，因此在舉行現場展示促銷活動時，主辦者應當充分利用好櫥窗的宣傳展示功能，設計出能夠吸引消費者的櫥窗。這時，需要注意以下問題：

(1) 選定陳列的對象

對於商店來說，現場展示促銷商品可能不是一種，這時就需要有重點地選擇適合陳列的促銷商品，最大限度地發揮櫥窗對消費者的吸引力。例如商場進行促銷的主打商品、貨源充沛的商品、商場積壓嚴重的商品、服務和消費趨勢的流行時尚商品，都可以是重點陳列的對象。

(2)確定陳列的主題

在進行櫥窗設計時，需要巧妙地確立陳列的主題，利用各種陳列方法和手段，例如對稱均衡、重覆均衡、大小對比、虛實對比的方法，勾勒出層次分明、均勻和諧、錯落有致的商品陳列。

(3)燈光照明強弱適宜

櫥窗的燈光應照在重點商品上，燈光與商品、櫥窗的色彩應該相和諧，燈光的強度要依據白天和黑夜、所陳列商品的色彩來確定，既要有足夠的亮度，又不能過於刺眼。

(4)適當運用動態設計

現在非常流行的 POP 燈光廣告，可以用於櫥窗設計中，以動態的手法來刺激人們的視覺神經，將顧客的視線引向櫥窗。在採用 POP 燈光廣告時，可以用畫面變換的方法、旋轉運動的方法、閃亮發光的方法來製造動感，吸引人們的注意力。

店鋪櫥窗設計的目的是希望吸引各種類型的顧客停下腳步，仔細欣賞櫥窗的設計，達到進店購買的目的，那麼這就需要店鋪的櫥窗設計能獨樹一幟。櫥窗是店鋪的眼睛，因此店鋪形象的好壞直接影響了顧客的進店率，也可以說，店鋪這張臉是否迷人就看「眼睛」是否有足夠的吸引力了。所以，櫥窗是一種藝術表現，是吸引顧客的重要手段。

店鋪櫥窗如此重要，希望每個店鋪都能認識到這一點。有時我們會看到很多店鋪的櫥窗只是簡單地掛出幾件衣服，沒有經過特別的設計，沒有投入很多的關注。設想一下，如果兩家銷售同類產品的店鋪，一家櫥窗風格鮮明，一下子就能被看到，

而另一家店鋪的櫥窗裝修簡單，產品風格性不強，不仔細看都不會注意到，那麼可想而知，這兩家店的顧客進店率是怎麼樣的。

櫥窗陳列經常出現的問題有：

· 櫥窗燈光暗淡，且光線分散，不能突出主打產品：

· 櫥窗內模特的擺放位置不協調，沒有層次感和美感；

· 氣氛淩亂，無主題，沒有按照系列、色彩佈局，破壞品牌形象；

· 區域色彩陳列結構不合理，沒有主題，新品與舊品混合陳列。

這一切問題導致的結果是顧客對店鋪氣氛失去了興趣，因此店鋪進店率、成交率都降低，銷售業績自然很差。

櫥窗絕不僅僅是擺放商品的工具而已。有的店鋪經營者可能會認為，櫥窗的作用只是展示商品，所以沒有花費太多的心思，那是因為他們沒有認識到櫥窗的作用，櫥窗是店面的眼睛，是商鋪內商品「精英」的薈萃和演示台，集中了賣場中最敏感的信息，有著其他裝飾所無法替換的功用。櫥窗是店鋪向外界宣傳自身形象的重要陣地，它有以下一些具體功能：

· 作為店鋪外觀的一部份，以特殊的造型設計來吸引行人的注目；

· 展示該店鋪的謀劃方式，陳列出經常銷售和新推的商品，體現店鋪的格調；

· 隨著社會環境和自然環境的變化而改變設計；

· 向顧客提供新商品信息；

・留住往來行人的腳步,製造顧客光臨的機會,並刺激其
消費慾望。

那麼,如何才能吸引顧客的駐留呢?這就要求櫥窗要具有
特色,風格應該是出彩的,如果都是千篇一律,就不會在第一
時間內引起顧客的關注,激發顧客進店光顧的慾望。

櫥窗陳列的制勝法寶就是獨特的設計、新穎的風格。櫥窗
設計的風格是否新穎,直接決定了顧客的認知傾向。顧客的認
知度越高,進店率也就會越高,從而實現銷售的機會也就越大。

一條商業街的兩旁店鋪林立,你最先注意到的是什麼?那
家店鋪能夠讓你一眼就注意?一定是色彩奪目、形象突出的那
一個。銷售同類產品的店鋪,我們看到有的店鋪生意紅火,顧
客絡繹不絕,而有的店鋪每天只有零星的客人光顧,業績可想
而知。為什麼同在一條商業街,差別會這麼大呢?根本問題就
是能否把顧客引到店裏,只有顧客走進店鋪,銷售才有機會達
成!

櫥窗的目的是吸引消費,美化環境,優化品牌形象,提升
商品與品牌的品質,櫥窗在某種意義上也就無形中成為了一種
表現藝術或是一種視覺藝術。櫥窗的藝術性是一種氣氛,主要
透過陳列主題設計、創意構思、陳列道具的配合、色彩統一等
幾個要素來體現,具體明細見表 8-13。

櫥窗的陳列不能一成不變,要定期維護和改善。

表 8-13　櫥窗設計藝術性要素

櫥窗要點	要點細則
確定陳列主題	在設計櫥窗陳列之前,要明確陳列主題,使櫥窗場景構思符合故事情景。櫥窗主題大體可分為情景式陳列、科普主題陳列、季節主題陳列、節日陳列、主題性陳列 在櫥窗主題的表現過程中,往往要結合各種陳列的手法,例如模特的出樣設計、整體的色彩規劃等來綜合設計櫥窗
陳列創意	創意在櫥窗陳列展示中起到舉足輕重的作用。有創意的櫥窗設計能夠帶來強烈的藝術效果和廣告效果,從而使消費者對店鋪產生深刻的印象
陳列道具	道具的擺放是否得體制約著櫥窗美感,一般來說,櫥窗的整體是三角構圖,講究道具的擺放,旨在給人一種均衡穩定的感覺。道具擺放要給人層次分明、錯落有致的美感,透過遠、近、高、低的調配,可以佈置成油畫靜物等構圖,從而在視覺上給顧客營造出愉悅的美感
整體色彩要和主題相搭配	商品展示要和道具的顏色以及背景POP的展示和諧呼應。例如針對促銷的櫥窗陳列,背景POP的色彩要有很強的衝擊力,同時要在背景或玻璃窗上做醒目的相關商品打折促銷的活動提醒,最好用明亮的色調來詮釋促銷活動的氣氛

表 8-14　櫥窗佈置的注意事項

櫥窗佈置要素	要素細則
更換櫥窗陳列的時間和頻率	要適時更換櫥窗，保持新鮮度，避免消費者產生視覺疲勞，新品上市、季節更替、節假日時一定要進行櫥窗的更替設計。店鋪的條件和貨品不同，櫥窗更換頻率也不一樣，最長半個月，最短一個星期。不過對於應季的新到貨品，要視具體情況來做陳列展示，這樣更會吸引消費者進店
櫥窗的燈光應用方法和照明強度	店鋪的陳列展示能否吸引消費者與店鋪和櫥窗的照明光線強度和高低有很大關係。人在生理上都有趨光性，越明亮的燈光越吸引人。因此一般採用交叉光線，因為交叉光的光亮強度和照射範圍都是最好的，可以有效展示商品的色彩和風格等信息通常情況下，櫥窗的燈光強度必須是大廳內燈光照明強度的兩倍左右
合理利用和改造櫥窗	由於方位和光線的影響，經常容易出現櫥窗玻璃反光，影響櫥窗陳列展示效果，改進方法是在櫥窗的上方裝置一個POP噴繪的海報窗簾，在傍晚時候可以拉上去進行有燈光的櫥窗展示，在白天光線強烈時，露窗展示效果差，就可以拉出POP噴繪窗簾，避免強日光對商品造成的傷害，也可以透過POP向消費者傳達產品的相關信息。櫥窗上方也可以裝一些掛置東西的設備，這樣在有不同陳列需要時，封閉櫥窗和通透櫥窗間可以更容易的互相轉變，從而合理利用櫥窗空間，展示不同場景和產品信息

八、診斷店內的滯銷品

　　擺在店鋪經營者面前的問題，就是如何加快存貨的週轉速度，要想找到解決的辦法，當然還要抓住本質問題，存貨週轉速度快就意味著商品被很快地賣出去了。

　　那些不良商品肯定是銷售前景不好的商品，很多情況下是很難在短時間內打開銷售局面的，因此店鋪的經營者就要想辦法把這些不良產品換掉，因此他們是造成庫存商品量大的直接原因，同時也佔用著採購銷售良好商品的資金，因此把這些不良商品替換掉才能夠打開店鋪的銷售市場。

　　銷售人員必須瞭解產品的特性，瞭解商品的賣點、庫存量等。因為只有瞭解了每個商品或品牌的特色以及用途等，才能為顧客提供專業性建議，這樣才更容易增加顧客對產品的信任感，才能為顧客提高他們所需求的產品，加大實現銷售的機會。

　　只有把貨架上的商品銷售出去，才能把倉庫中的產品搬到貨架上；只有減少倉庫的積壓量，才能真正做到商品的週轉。如果貨架上的商品一直沒有銷售出去，那麼存貨的週轉也就無從談起了。

　　先進先出原則是要求銷售人員應該根據商品進店的時間進行庫存週轉，也就是先進入到店鋪庫存中的商品應該先於後進商品被銷售出去，這也是為了保證商品品質因為過長時間的儲存而受到影響，進而影響到商品的銷售結果，因為有的顧客可能會因為品質瑕疵而要求降價或是其他的優惠措施。

安全庫存也稱安全存儲量，又稱保險庫存，是指為了防止不確定性因素而預計的保險儲備量，如大量突發性訂貨、交貨期突然延期、臨時用量增加、交貨誤期等特殊原因。安全庫存用於滿足提前期需求。在給定安全庫存的條件下，平均存貨可用訂貨批量的一半和安全庫存來描述。

在任何工位上存放的貨物(原材料，在製品或成品)，用來預防因為上游工序生產能力不足導致的缺貨、斷貨的問題。通常也稱為緊急庫存。

為了防止由於不確定性因素(如大量突發性訂貨、交貨期突然延期等)而準備的緩衝庫存。

我們經常會發現這種情況：進入店，會發現貨架上放著你半年前就看到的商品，至少有 5 家放著你一年前看到過的商品，至少有 3 家放著已經超過銷售時期很久的商品——它們甚至還保持著當初上架時的「薦」樣子。

很多規模更大的零售商，表現得並不比這些小店好多少。那些懶惰的經理們會等到供應商把「新品進場費」擺到自己面前時才考慮淘汰舊商品！

他們不知道：滯銷品是店鋪經營中的「毒瘤」，只有及早去除，營運才能健康進行。租金越來越高昂，陳列空間更顯得寶貴，如果滯銷品佔據了空間，使新品無法導入、暢銷品的陳列無法擴大，單位面積營業效率當然不可能有良好的表現，更談不上出現盈餘了。

滯銷品的出現直接反映著店鋪的營運水準，那些管理問題會導致滯銷品的出現——對付滯銷品，恐怕要從「根」上解決

問題才行。

表 8-15　導致商品滯銷的原因

商品滯銷因素	滯銷原因
品質問題導致的滯銷	商品有品質問題，且零售商進貨和收貨過程把關不嚴，顧客購買以後發生退貨，造成店鋪商品積壓而成為滯銷品
進價問題導致的滯銷	商品進價過高，或物流等採購費用過高，導致商品定價高過市場同期水準，從而影響商品暢銷度。常有的現象是：採購人員對本地和其他地區的商品價格不熟，但為增加商品豐富性，專門從外地現金購入新商品
商品過季導致的滯銷	供應商供貨不及時，或者零售商內部商品運營混亂，延遲了銷售時機，使得季節性商品成為過季商品
被供應商壓貨導致的滯銷	很多採購買手對於製造商商品的銷售情況沒有進行全面分析，僅僅看重的是廠家給予的買贈、數量折扣或者現金折扣。其實，消費者在選擇商品時，只有在兩種商品品牌和價格定位相似、品質和數量相同時，附贈商品才能更具有一定的吸引力，不是所有帶贈品的商品就都是暢銷商品
統一採購下的決策失誤導致滯銷	總部對各個店鋪的存貨和銷售情況沒有準確把握，沒有掌握商品暢銷和滯銷的狀況，盲目訂貨；或者自動補貨系統出錯，導致庫存突然增加。貨架上的大量陳列不僅沒有給消費者帶來購物衝動，反而加強了消費者對此類產品的懷疑性，影響了其正常的商品銷售
分類/陳列不善導致的滯銷	店鋪裏商品分類不清楚，商品陳列位置不好或不固定，促銷方式不佳，都會導致滯銷
突發的需求變化導致滯銷	零售企業要有危機管理意識，一旦企業面臨對於企業產生重大影響的外部市場動態時，即時做出市場反映，將企業的市場風險降到最低

「沒有滯銷的商品,只有滯後的銷售方式。」每種商品,只要抓住了它的直接消費者,獲得他們的認同,在什麼時候都可以暢銷,問題在於你是否找對銷售的方式。

總之,零售商在淘汰滯銷品的時候,一定要認真分析滯銷商品的原因,不論是外在消費環境的影響還是內在管理的問題,都需要正確面對,不要讓有銷售潛力的商品從眼底下被忽略了。

大部份經營者判斷滯銷款的方法是,經過 10 來天發現那個款不好走,然後就簡單地判斷是滯銷款。一週時間就判斷產品是滯銷品,這未免太草率,當我們發現產品「跑」得慢時,要想各種辦法去主推,加強重視,當這些方法都沒用時,再判斷它是滯銷品。

零售業有三個 2/8 法則,第一個 2/8 法則是,在 80%的情況下,銷售額做得越高,庫存額越大,也就是銷售額和庫存額在 80%的情況下是成正比的;在 20%的情況下,銷售額做得很高,庫存卻非常的低。這是少數情況,很多公司幾年也就碰到一兩次。

第二個 2/8 法則是,在一個商店裏 20%的貨品往往可以做出 80%的業績,而 80%的貨品在商店銷售過程中都會變為庫存。全部是庫存,那服裝沒得做了,怎麼辦?它不會成為庫存,原因很簡單,用最短的時間發現 20%的款式,用最快的速度讓公司把這個款的數量最大化,這樣才能賺到錢。還有,用最短的時間發現 80%最不好賣的滯銷款,然後拿出來做促銷,讓促銷品變成現金流,讓現金流變成商品流,資金週轉速度越快,商

品流動越高，庫存越低，單店的盈利效益就越好。

　　零售在國外已經有 100 多年歷史。如果你不知道這種法則，你就不能破解零售的問題，不能成為一個很好的銷售人員。所以一個很好的銷售人員是對零售規則非常清楚的人。

　　第三個 2/8 原則是，在賣場中永遠是 20%的貨架帶來 80%的坪效，賣場中的貨架非常多，但是永遠只有 20%的貨架是效益最好的貨架。為什麼要選出最好賣的 10 款跟最難賣的 10 款呢？就是要把最好賣的款陳列在效益最好的貨架上。很多公司做促銷，把「2/8 原則」中那個 20%帶來 80%業績的貨架用來做促銷品，這是天大的浪費。在一個商店裏坪效最高的位置永遠是最稀有、最少的，不可以用它來做那種沒有利益的商品促銷和陳列展示，而要讓貨品在最稀有的位置產生最高的效益。

　　每週公司給商店上貨品以後，店長要從 20 款裏面找出你認為最好賣的 5 款，並放在最有效的貨架上，然後再找出你認為不好賣的 5 款放在最沒有效益的貨架上，讓最有效益的貨架上的貨品永遠讓顧客摸得著、看得到。所以做零售的人一定要有靈活度，否則零售業績是沒有辦法提升的。

　　很多商店的店長都是到公司開會、彙報，要是公司沒有決策，店長也毫無辦法。有家公司總裁，他經常去商店，一般是上午 9 點去，晚上 11 點才回來。他每到一家商店做的第一件事是先看手錶，然後讓導購記錄時間。他在整個樓層附近走一圈回來以後，便開始重新整理貨品。接著他會看一下銷售報表，然後將商品的組合重新調整，結果往往到晚上的時候業績都會翻一番。

為什麼會這樣？因為這個副總跑完整個樓層後，他就知道其他店在賣什麼，什麼商品好賣，而我們的櫥窗裏面擺的還是公司規定的那一款。賣場的變化是以小時和天來計算的。店長不能光執行公司的命令，有些商品按公司的規定擺在某一個地方是正確的，但當這種商品已經沒有銷售前景的時候，還擺在那就會影響當天的業績。所以，一個比較差的店長只關心每月的業績，一個合格的店長觀察每週的業績，而一個優秀的店長則觀察每日、每小時的業績。

有家公司在賣場中有一個鋪面，大概 150 多平方米，租金非常貴，一年要 1000 多萬元，平均下來每天的租金非常高，所以公司要求店長和導購必須每小時觀察一次業績，那個時段做得不好，馬上進行相應調整。此外店長有充分的權力調動貨品、配貨。為什麼？因為在租金這麼昂貴的店鋪裏，如果店長依靠公司進行遠端遙控而沒有權力做主的話，就很可能耽誤最佳銷售時期，影響整個業績。

未來的競爭對店長能力的要求越來越高，而且越來越專業。現在很多做銷售、做管理的人都不懂貨品，只注重銷售額那個數字，這是沒有用的。因為那個數字是從每件衣服、每個色、每個碼、每種面料裏面賣出來的，必須得懂貨才能做出正確的決策。

由於公司的判斷與實際銷售有差別，店長在商場裏一定要觀察整個樓層。當其他人都在上某一款的時候，要麼你上的那款跟大家都不同，可能會賣得很好；要麼你追著大家走，可能賣得也會很好；如果你也不追，也不關注別人的銷售狀況，而

公司總部又沒有辦法關注到每一天的市場情況，那銷售就會受到很大的影響。

　　一定要每週找出好賣的 10 款、難賣的 10 款，把好賣的 10 款放在最好的位置上，難賣的 10 款拿出來做促銷。

九、診斷店內的理貨作業

　　理貨員工作職責是什麼？店長如何管理門店的理貨工作？

　　理貨是指在敞開式銷售的連鎖門店內，透過理貨活動，依靠商品展示與陳列、POP 廣告、商品標價、排面整理、商品補充與調整、環境衛生、購物工具準備等作業活動，與顧客間接或直接地發生聯繫的工作。

　　⑴每天營業前，賣場、通道應保證通暢，商品應豐富、飽滿、清潔、一貨一簽、貨簽對應；

　　⑵每天銷售高峰前後，須進行全面的理貨；

　　⑶貨架商品雜亂時，需做理貨；

　　⑷一般理貨時，遵循從上到下、從左到右的順序；

　　⑸理貨區域的先後次序是：促銷區→端架→貨架；

　　⑹理貨商品的先後次序是：DM 商品→促銷商品→主力商品→易混亂商品→一般商品；

　　⑺理貨時，必須將不同商品分開，並與其價格標籤的位置一一對應；

　　⑻理貨時，須檢查商品包裝，條碼是否完好，缺條碼則需迅速補貼，破包裝的商品要及時修復，商品缺貨標籤應正確放

置;

(9)理貨時,每一個商品都有其固定的陳列位置,不能隨意更改排面;

(10)商品不滿陳列位置時,應及時補貨;

(11)確保商品陳列的位置符合商品配置表和陳列圖;

(12)確保商品陳列符合安全原則;

(13)核實檢查商品的標籤、包裝、保質期是否合格,確保貨架無破損包裝商品;

(14)確保商品的價格標籤正確、乾淨和完整;

(15)顧客遺棄的商品要及時收回、歸位;

(16)退貨商品、破損等待修復及索賠的商品,不能隨意留在銷售區域,必須置於指定地點。

理貨作業內容可分為營業前、營業中、營業後三個階段,見表 8-16。

表 8-16　理貨作業內容

作業時間	作業內容
營業前	打掃責任區域內的衛生;檢查勞動工具;查閱交接班記錄
營業中	巡視責任區域內的貨架,瞭解銷售動態;根據銷售動態及時做好領貨、標價、補貨、上架、貨架整理、保潔等工作;方便顧客購貨,回答顧客詢問,接受友善的批評和建議等;協助其他部門做好銷售服務工作,如協助收銀、排除設備使用故障;注意賣場內顧客的行為,用溫和的方式提防或中止顧客的不良行為,以確保賣場內的良好氣氛和商品的安全
營業後	打掃責任區內衛生;整理勞動工具;整理商品單據,填寫交接班記錄

圖 8-2　理貨作業流程

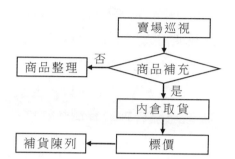

十、診斷你的店鋪現金作業

店長在日常營運管理中，除了關注銷售，為消費者解決銷售相關的突發事件外，還需要負責監督門店收銀工作，做好各項財務報表的管理，負責賬目及各項費用支出的管理。在門店營業結束後，店長須核對賬務，填寫好營業報表，核對營業款並妥善保管，留好備用金，安排好第二天的一切事務。

在「現金為王」的時代，如何有效地管理現金，使之始終有力地支持企業開展經營活動，已經成為企業管理人員不得不認真思考的問題。

尤其是在當今金融市場高度發達和市場環境快速變化的情況下，對於企業的經營和發展來說，任何一個企業要想實現更好、更快地發展，只有持續保持充足且適量的現金，並保證現金的正常運轉，才能保障日常經營得以正常開展，進而實現最終目標。

現金與利潤同等重要。因此，屈臣氏連鎖店在現金管理規定中，不僅規定了完善的保險箱管理、罰款處理、備用金管理、零錢管理、現金送行及憑證管理、保險櫃長短款處理等細節，甚至嚴格要求每天晚上結束營業後，當班的店經理必須與一名員工共同檢查保險箱，核對箱內現金與帳本上金額是否一致。

圖 8-3　現金流管理流程與執行標準

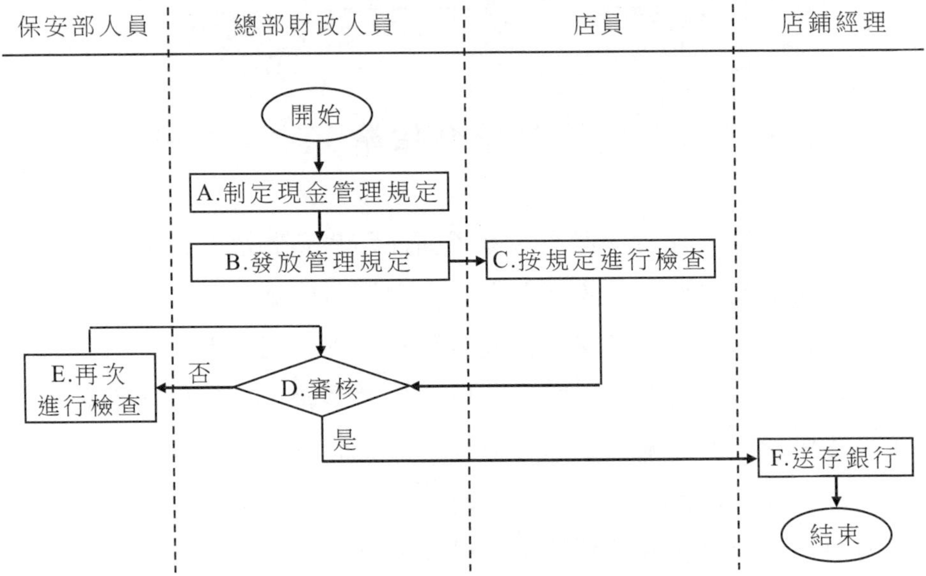

1 為了保證屈臣氏更快、更好地發展，總部財政人員必須制定現金管理規定，包括保險箱管理、罰款處理、備用金管理、零錢管理、現金送行及憑證管理、保險櫃長短款處理等。

2 總部財政人員應在開設店鋪的第一天將現金管理規定發

放到店鋪內，以保證正負一元的差異都不會出現。

　　3 店鋪人員將根據現金管理規定，一天之內必須針對保險箱進行兩次檢查，並填寫「店內保險箱檢查表」上報總部財政人員。

　　4 總部財政人員對「店內保險箱檢查表」進行嚴格審核，如果出現差異，將交由保安人員再次進行核查，如果沒有差異，必須儘快通知店鋪經理對現金進行妥善處理。

　　5 保安部的管理人員在接到總部財政人員的通知後，將對各店鋪的現金、單據管理進行不定期的檢查，並將新取得的結果再次上交到總部財政人員進行審核。

　　6 在接到總部財政人員的通知後，店鋪經理必須在當天晚上結束營業後，與另外一名員工一同將店鋪的現金送存銀行。

　　連鎖門店大多為自助式經營，顧客在賣場內隨意比較、選購自己喜歡的商品，然後自行到出口處做一次性總結付賬。這種經營形態下，收銀工作格外重要/事實上，收銀不只是單純地為顧客提供結賬的服務而已，在整個收銀過程中，還包括了對顧客的利益態度和諮詢提供、現金作業的管理、促銷活動的推廣、損耗的預防、業務侵佔的防範，以及門店安全管理的配合等各項前置和後續管理工作。因此，做好收銀管理工作，有效稽核收銀作業是店長日常工作中不可忽視的重要組成部份。

　　收銀作業中每一步驟以及每個環節，其目的都是讓門店在現金管理上有良好的制度與規範。但是好的制度如果未能予以有效地執行，或是沒有操守良好的執行者，仍會有許多弊病產生，尤其是任何收銀作業上所產生的人為疏忽或是舞弊行為，

都會影響門店的營業收入,讓其他工作人員為銷售做的努力化為烏有。為了及時發現收銀作業上的舞弊行為,矯正收銀員在執行任務時的不良習慣及錯誤的收銀作業,門店應該派專門的負責人或者由店長親自執行收銀稽核作業,主要內容如下。

(1)收銀台的抽查作業

為了評核收銀員在為顧客做結賬服務的工作表現,店長應每天隨機抽查收銀台。抽查項目如下:

①檢查收銀結算的總營業賬務與實收金額是否相符,並登錄於「收銀機抽查表」。

②核對總營業賬條的折扣總金額與該收銀櫃台折扣記錄單、記錄的總額是否相符,以及稽核收銀員是否私自給予顧客過多的折扣。

③檢查收銀機內各項密碼及程式的設定是否有更動,收銀員是否存在利用收銀機舞弊的行為。

④檢查每個收銀櫃台的必備物品是否齊全。

⑤收銀員的禮儀服務是否良好。

⑥是否遵守收銀員作業守則。

收銀台的抽查作業,不僅能夠評核收銀員的工作表現,還可以檢核收銀員是否依據規定的作業執行任務,以便馬上糾正收銀員的錯誤觀念。

(2)清點金庫現金

清點金庫內所有現金及準現金的總額,與「金庫現金收支本」登錄的總金額是否相符,其點數的範圍除了大鈔外,還應包括小額現鈔及零錢袋。

此項稽核作業可以避免負責金庫的相關主管趁機挪用公款。

(3)每日營業結算明細表的正確性

每日結完當日營業額總賬後，必須將當日營業的收支情形予以記錄，作為相關部門在執行會計作業時的依據。因此，記錄表的登錄是否正確，將影響門店各項財務的計算及日後營業方面的參考。有鑑於此，稽核人員(店長)有必要檢查門店人員登錄賬表的作業情形。

(4)核對「中間收款記錄本」與「金庫現金收支本」

每台收銀機過多的現金大鈔必須按照規定回收金庫保存，且每次收取現金大鈔的時候，必須同時登錄「中間收款記錄本」和「金庫現金收支本」。稽核人員(店長)必須檢查每台收銀機的「中間收款記錄本」和「金庫現金收支本」是否相符，以及每次執行中間收款作業時，是否確切填寫沒有遺漏，以查核相關主管對於現金收支的處理是否誠實。

十一、診斷商店人員

人員管理和提升人員素質工作是改變店鋪人員形象的重要環節，因此店鋪應該在這兩方面加大實施力度，這樣才能夠有效提升店鋪的形象，從而拉動銷售業績。

便於店鋪的管理，提高管理效果，制訂相關行為規範和店鋪管理制度，敦促員工按照規定工作，如果有員工觸犯制度，還可以制訂相關懲罰措施，加強制度管理的影響力。

提升店鋪形象，提升人員素質和人員管理入手，兩項工作相輔相成地進行，才能從根本上提升員工的形象，兩者缺一不可。人員素質的改變不是一朝一夕就能完成的，因此在初期，為了維護和宣傳一種良好的形象，更多地需要管理手段作為輔助，加強人員管理也是對員工的行為起到規範作用，給員工一些壓力。

透過店鋪人員的管理，可以達到提高績效的效果，人員管理包括職業發展規劃、績效評估考核、人才培養體系。

1.店員工作的積極性和主動性

店員的積極性和主動性，決定了店鋪的服務態度、服務意識等內容。當店員有了工作積極性和能動性之後，就會把店鋪的利益當做自己的利益，才會有集體意識，才能夠對自己的工作感興趣，透過努力，提高自己的工作業績。

店員有了積極性之後，才會主動、自發地做好工作，付出更多的努力，銷售業績提升了，店員的收益也會增多，薪酬的增加又會激發店員更大的積極性。店員的積極性也代表他對於店鋪的認可程度，認可程度越高，越能夠積極地開拓店鋪的市場，實現自己和店鋪雙贏的目標。

店員的形象舉止直接影響到店鋪的形象，進而決定了顧客對店鋪的印象。店員的散漫形象可能會阻止顧客進入店鋪的腳步。國際知名的品牌對於員工的素質和形象要求都是非常嚴格的，顧客很少能看到品牌專賣店中的店員態度惡劣、行為懶散的現象，可見店員形象對店鋪形象的影響是非常大的。

2.商店要有強烈的服務意識

如果問「顧客為什麼買我們的產品」這個問題，大部分門店銷售人員會說是因為產品品質好、價格低、技術先進等。不過門店銷售人員看到的可不止這些，他們更關注的是顧客對服務的感受和需求。

自動飲料機銷售的綠茶一般是每瓶 3～4 元,路邊小茶館的綠茶會賣到一壺 10～20 元,而在四星級酒店裏,相同品質的綠茶則可能是一壺 80～100 元。這些飲品中的綠茶可能來自同一產地、同一供應商。茶葉本身的價格差別也許並不大,但為什麼變成綠茶飲品後價格卻有如此大的差別呢？這是因為經過銷售服務,綠茶增值了。

具體來說,通過飲料機購買綠茶,顧客需要自己打開。喝的是冰涼的茶水,沒有任何服務人員幫助增值,因此只須花費 3～4 元；路邊小茶館中,服務員會用熱水泡茶,泡茶的服務會使綠茶增值,使每壺茶變成 10～20 元；四星級酒店裏,優美的音樂、柔和的燈光、寬大舒適的沙發,再加上服務員親切的微笑,所有這些都會使綠茶升值到每壺 80～100 元。

如果銷售的產品同質化非常嚴重,那麼唯一能夠產生差異的就是顧客消費的環境以及門店銷售人員提供的服務,這些都能夠幫助產品增值。如果門店銷售人員僅看重產品、品質、技術和價格,而不注重環境好壞與服務水準,則產品增值甚微,甚至無法產生增值效應,顧客自然也就不會產生物有所值或物超所值的滿足感。

為此,在產品同質化嚴重、市場競爭激烈的時代,通過服

務來製造差異已成為絕大多數門店的共識。

一走進宜家商店的大門，你就會被某種氣氛所感染。除了設計簡潔、色調明快、搭配合理的傢俱情景房間外，你還會發現宜家的商店沒有「銷售人員」，只有「服務人員」。因為宜家不允許門店銷售人員主動向顧客促銷某件產品，所以，這裏不會像其他傢俱店一樣，你一進門，門店銷售人員就對著你喋喋不休。此外，宜家出售沙發、餐椅等的展示處還特意提示顧客：「請坐上去！感覺一下它有多麼舒服！」

在一些被罩、枕巾等床上用品上面，也會有「摸一摸！看看有多麼柔軟」等標籤。這和國內的很多傢俱店動輒在沙發、床上標出「樣品勿坐」「非買勿動」的警告完全相反。在宜家，你可以親身體驗產品，包括對產品進行破壞性試驗。宜家積極鼓勵消費者在賣場進行全面的親身體驗，比如拉開抽屜、打開櫃門、在地毯上走走、試一試床以及沙發是否堅固等等。

宜家家居的「體驗服務」可謂登峰造極。輕鬆自在的購物氛圍，是宜家商場的特徵，而人性化的服務，會使顧客產生被尊重、被滿足的感覺，切實體會到當「上帝」的滋味。

在門店銷售中，顧客體驗的不是產品，更多的是全方位的服務，以及由此帶來的情感上的滿足感和愉悅感。

3.相應的專業知識

店鋪店員是否具備所售商品的相關知識，代表了店鋪的專業性。如果店員能夠在顧客挑選商品——特別是在其舉棋不定的時候加入專業性的介紹，就會增加顧客對商品品質的信賴、對店鋪的認可。相反的，如果店員對於商品的性能等一知半解，

可想而知，客戶對商品會有什麼反應，更嚴重的後果是不僅這次的銷售無法實現，以後這個顧客可能都不會再光顧這家店鋪，更有甚者，他會告訴身邊人這家店鋪不好，不要去光顧。

因此，店鋪應該針對商品的專業知識對員工進行崗前培訓，當店員能夠給出專業解說的時候，無形中也就增加了顧客的信任程度。店員具備過硬的專業素質之後還能夠引導顧客的消費方向，使其按照自己的推薦進行挑選。

店員業務能力強也提升了店鋪的檔次。擁有自己專業的銷售團隊，為前來光顧的顧客提供專業性的建議，會帶給顧客什麼感受呢？毋庸置疑，這在無形中提升了店鋪的檔次，因此無論是商品的品質或價格都會得到顧客的首肯。顧客有時候不能判斷要買那一款商品，這就需要店員專業的解說，這樣銷售也就水到渠成了。

對於店員的管理很大程度上可以約束店員的行為，樹立良好的店鋪形象。為了更好地引導員工，使其行為符合店鋪經營需要，店鋪經營者應該對員工的發展進行規劃，這樣能給員工一種被尊重、被重視的感覺，進而也就能夠帶動員工的積極性，因為員工的成長和店鋪的發展是相輔相成，息息相關的。

4.改善店員服務水準的方法

店員是賣場的主要人員，是與顧客打交道的前線人員，因此店員的素質直接決定了店鋪業績，店員的培訓需要系統地設計，循序漸進地培養。

(1)服務意識的培訓

服務是店鋪向顧客出售的特殊商品，既然是商品，就會同

其他產品一樣具有檢驗其品質優劣的標準，這個標準就稱之為品質，即服務品質。服務品質，是指店鋪為顧客提供的服務適合和滿足顧客需要的程度，或者說，是指服務能夠滿足顧客需求特性的總和。服務品質對店鋪競爭具有決定性作用。服務品質的好壞取決於兩個方面的因素：一是物的因素；二是人的因素。其中人的因素尤為重要。店鋪全體員工必須樹立高度的「顧客」意識，顧客是店鋪的真正「老闆」，「顧客至上」應是店鋪必須遵循的宗旨。

(2)賣場銷售技能的培訓

店鋪的導購人員僅僅有工作的熱心是不夠的，還要具備相應的銷售服務技能。

促進成交的技巧培訓。對於一個優秀的導購員而言，在面對顧客銷售的時候，懂得使用一些技巧來促成顧客的交易，使得交易變得更加簡單，更加快捷。

例如：讓顧客二選其一、讓顧客「試買」一次、幫助顧客挑選、用讚美鼓勵成交、替顧客分析利弊、用緊俏催促顧客。

5.用具體利益向客戶介紹產品

通用電器公司一直想向一所學校推銷一種用於教室黑板的照明設備，但出動了很多推銷人員，聯繫了很多次都沒有結果。

有一個新加入公司的銷售員想出了一個辦法：在學校教師都集中在一間大教室開集體會議時，他闖入教室，並聲明只用給他一分鐘時間。只見他拿了一根鋼棍站在講臺上，對所有的教師說：「先生們，你們看，我用力折這根鋼棍，它就彎曲了。當我鬆開手，它又彈回來，恢復原樣。但是，如果我用的力度

過大，超過了鋼棍的承受力，它就不會變得很直。

現在，孩子們的眼睛就像是這根鋼棍，如果他們視力受到的損害超過了眼睛所能承受的限度，視力就無法恢復了，到那時，再花多少錢也是無法彌補的。」

結果，學校當場就決定購買通用電氣公司的這種照明設備。

銷售員應該站在客戶的立場上，想一想，為什麼客戶應該聽你的，為什麼他們會把注意力集中在你的身上？要麼就是你的話語很有誘惑力，要麼就是你說出他要面對問題的本質。因此，客戶購買你的產品在很大程度上是因為你的產品是他所需要的，用產品的具體利益向客戶介紹產品，是產品介紹的核心所在。

要想說服客戶，銷售員就必須讓客戶知道，這種產品或者服務能夠給他帶來什麼樣的好處，並且這些好處是否是他所需要的，這就要求銷售員明白自己銷售的產品會給客戶帶來什麼樣的優勢，而不僅僅是告訴客戶產品的特徵。

(1)產品特徵和價值

所有的產品都具有兩方面屬性，一是產品的特徵，一是產品的價值。而那些是你的產品的特徵，那些又是你的產品的價值呢？

產品的特徵就是產品的具體屬性，是產品的功能特點和產品的具體構成。比如：「溫度只要不超過 300℃，它就不會變形。」「這部手機不但支援數據線，還具有藍牙功能。」

產品的價值就是產品的特徵對用戶的價值，比如某項產品可以改善客戶的工作效率，某項產品特徵可以滿足客戶的某項

需求：「這款採用先進技術設計的手錶，無時無刻不在彰顯您的品位。」「用這部手機，您轉存文件極為方便，把拍攝的照片轉移到電腦上，或者直接列印，都是很簡單的。」

(2)將產品特徵轉化為產品價值

如果銷售員只是向客戶介紹產品的具體特徵，不針對客戶的實際需求講述相關的利益，就不會引起客戶更深刻的印象，不容易說服他購買。因此，銷售員應該根據客戶的實際需求，將產品特徵轉化為產品價值，強調產品會為客戶帶來的種種好處，就會引起客戶的關注，從而有助於銷售目標的實現。

不過，銷售員應該注意的是，向客戶介紹產品的價值必須針對客戶的實際需求展開，如果銷售員提出的產品價值不符合客戶的需要，就是有再多的好處也不會引起客戶的購買興趣。

(3)有效說明產品的價值

如何更好地向客戶展示購買產品的好處呢？銷售員可以用「說」和「做」相結合的方式。「說」指的是用語言向客戶表述產品可以為他帶來的好處；「做」指的是通過實物或模型展示，向客戶演示產品的用途和價值。

除了要具體客戶具體對待以外，銷售員還應該掌握話語技巧，以下是可以有效說明產品價值的句型，你可以根據具體情況來套用：

「減少了您的……」

「會為您節省……」

「提高了您的……」

「有利於您進一步……」

「您更容易……」

「幫助您改善……」

「可以滿足您的……」

「使您更有可能……」

「您更容易……」

十二、診斷店面銷售數據

想提升店面業績，卻找不到問題的突破口，不知道該怎樣去解決，也做過很多努力，但銷售業績仍是沒有增長？

（一）銷售分析的重要性

銷售是店面工作的核心，店長的所有工作都應該圍繞著業績的提升來展開。可是，很多店長在處理銷售工作的時候非常錯亂，要麼是看不到問題的本質，抓不住問題的根源，以致工作效率事倍功半；要麼是知道了問題的根源，卻找不到有效的方法來解決；要麼透過一定的努力，的確在某些方面有所突破，但只是局部的作用，結果，店面業績也很難有多大的提升。

表 8-17　店鋪銷售分析表

進行檢核時評價因素		評分等級				
		優良	佳	普通	尚可	差
1	店鋪目標設置、分解是否合理	5	4	3	2	1
2	有關銷售管理的績效，與庫存管理的關聯是否充分	5	4	3	2	1
3	對於滯銷品的處理，是否事先擬定了銷售對策	5	4	3	2	1
4	對銷售管理、顧客管理、進貨商管理的關聯是否把握住了	5	4	3	2	1
5	有關銷售日報、週報、月報的業績數據是否齊全，是否作了整理和分析	5	4	3	2	1
6	在銷售分析上，是否針對商品銷售數量與金額來進行	5	4	3	2	1
7	做商品構成採購計劃時，是否充分活用了銷售記錄資料	5	4	3	2	1
8	在做銷售分析時，是否深入考慮了顧客的需求性	5	4	3	2	1
9	銷售管理系統的規劃，是否與責任人作了充分溝通	5	4	3	2	1
10	在商品促銷的運用上，選擇陳列道具是否適當	5	4	3	2	1
11	在商品展示效果的表現上，是否能充分考慮庫存狀況	5	4	3	2	1

　　店面銷售業績的提升首先要求我們發現問題，透過對銷售環節進行診斷，而診斷的依據則是店面實實在在的數據，這就要求我們必須做好店面的日常數據統計工作。

表 8-18　店面銷售能力基礎數據統計週報表

日期	進店數	留店率			就座率	回頭率	簽單率	重覆購買率
		5分鐘以下	5～15分鐘	15分鐘以上				
週一								
週二								
週三								
週四								
週五								
週六								
週日								
合計								
平均百分比								

　　項目設定的意義和目的。根據店面銷售的特點，表格的六大項目把銷售劃分為六大環節，這六大環節既是對店面銷售環節的破解，也是對導購能力的分解：

　　⑴「留店率」分為三類，就耐用品而言，顧客如果留店少於 5 分鐘，說明顧客基本上沒有留下來，只是隨便逛一圈，基本上不會回頭和購買；如果留店 5～15 分鐘，說明顧客基本上留了下來，但對產品很難有深入的瞭解，顧客對導購員處於認同階段，但談不上信任，不過這類顧客有可能會回頭；如果留店 15 分鐘以上，說明顧客找到了喜歡的產品，並且會對產品有

更深入的瞭解,對導購員有一定的信任度,即使不購買,回頭的可能性也在 30%以上。

留店率既能夠反映顧客的購買狀況,也能反映導購員的業務水準。

(2)「就座率」往往是被很多人忽視的導購環節,根據對終端的研究,對於耐用品而言,顧客有沒有坐下來,對顧客的留店時間、客情關係的建立、顧客異議的化解以及最後的購買都起著非常關鍵的作用。所以,就座率的高低可以判斷顧客的購買階段,是判斷導購效率的重要標誌。

(3)「回頭率」是指以前進店沒有購買然後又回來的顧客數量佔總顧客數的比例。

顧客回頭,說明其對產品、品牌、價格、服務等是基本滿意的,而這些則說明上次導購員的接待是成功的,所以該項指標可以直觀地判斷店面的導購水準。

(4)「重覆購買率」即為老顧客回頭再次購買,或者是帶動顧客的朋友購買的比例。該項指標可以判斷顧客購買之後對產品、售後服務等的滿意程度,以及導購員挖掘「潛伏」型顧客的努力程度。

(二) 突破銷售能力的瓶頸

透過對影響店面業績的六大環節進行初步診斷,並找出解決問題的方向,以服飾業為例,對每一個環節進行具體的動作分解,找到解決問題的途徑。

表 8-19 「進店數」動作診斷

動作分解	動作分析與破解
店面位置	如果店面位置較差,要麼在店面所在市場入口處進行廣告推廣,要麼在主要通道口對顧客進行攔截和引導,要麼在本店門口進行一定方式的動態吸引
裝修風格與檔次	風格與檔次能否與左右店面具有明顯差異,店外15米觀察能否看清店內陳設
店內動態感	店內是否有播放音樂或視頻等,店外5米能否被該音像吸引
門頭吸引力	門頭能否與左右店面明顯區分,店外15米是否具有「第一」印象
櫥窗吸引力	櫥窗設計是否有個性,能否讓顧客駐足欣賞
海報吸引力	海報設計是否具有吸引力,陳列位置是否方便看到,內容是否具有吸引力
產品陳列吸引力	能否吸引店外5米的眼球,有沒有專設吸引力產品等
導購員拉力	是否處於積極的工作狀態,能否有效拉動路人進店

表 8-20 「留店率」動作診斷

動作分解	動作分析與破解
店面體驗感	店面是否整潔，氣氛能否讓人放鬆，有沒有人性化配套設施
導購服務	顧客進店3分鐘有沒有一杯水之類的特定服務，導購員是否主動提供服務
是否被動式介紹	是否跟隨式地介紹產品，是否被動式地應答顧客，是否具有變被動為主動的溝通能力
是否逼迫式介紹	是否只顧自己講解，是否只顧介紹自己喜歡的產品，有沒有引導顧客多說話
顧客是否找到喜歡的產品	有沒有詳細地詢問顧客的需求，有沒有針對顧客需求講解產品，你的產品是否和顧客需求相差甚遠
是否提前進入價格階段	導購員有沒有自己先提及價格，顧客開口問價導購員能否有效轉移
沉默型顧客是否有效接待	是否有效把握接近沉默型顧客的時機，針對沉默型顧客的拒絕，能否有效化解，有沒有設定針對沉默型顧客的服務
是否針對需求介紹產品	有沒有瞭解到顧客的真實需求，對不願意說出需求的顧客能否有效應對，有沒有引導顧客需求
是否引導顧客體驗產品	有沒有設定產品體驗環節，導購員是否主動要求體驗，是否有效引導顧客體驗，體驗的過程是否具有充分的互動性
導購員專業性	是否掌握核心賣點的話術和展示方法，每項賣點的表達和展示能否達到5分鐘以上

表 8-21　「就座率」動作診斷

動作分解	動作分析與破解
休閒區的舒適感	休閒區是否舒適，是否能讓顧客放鬆
導購員引導就座	有沒有主動引導就座，引導就座的理由是否充分
引導就座時機的把握	顧客對產品充分瞭解後、顧客提出異議時、討價還價時、顧客對某個問題點沉思時、顧客在店內徘徊時、顧客體力疲倦時

表 8-22　「回頭率」動作診斷

動作分解	動作分析與破解
顧客對產品的認可程度	導購員有沒有充分展示賣點，顧客異議是否有效化解，顧客是否認可產品，顧客購買意向是否真誠
顧客對價格的認可程度	價格是否超出顧客預算，顧客索要價格與你的最低價相差多遠
顧客離店原因	顧客離店是否存在藉口，顧客離店的真實原因是什麼，顧客離店時有沒有化解真實原因
離店時是否給足了面子	有沒有對顧客不買表示理解和認同，有沒有表示歡迎再次光臨，有沒有笑臉相送以示誠意
離店時是否再次強調產品賣點	是否清楚顧客對產品的最大興趣點，有沒有再次拋出產品最具誘惑力的一兩個賣點

表 8-23 「簽單率」動作診斷

動作分解	動作分析與破解
主動提出簽單的意識	提升主動促成的意識，提升簽單技能
顧客購買慾望程度	顧客是否充分認可產品，是否對某一問題左右徘徊，是否總是徵求朋友建議，是否總是討價還價等
顧客最後異議的化解	能否把握影響簽單的最後異議是什麼，有沒有盡力幫助顧客化解
顧客對導購員的信任度	顧客是否在最後的時候還提出苛刻的異議和要求，有沒有暫停簽單，放緩下來探尋顧客的真實想法，從顧客角度出發解決問題，恢復信任度
簽單時機的把握	能否辨別簽單時機，能否抓住簽單時機
有效簽單的能力	簽單技巧的熟練使用，有效化解顧客拒絕簽單的能力

表 8-24 「重覆購買率」動作診斷

動作分解	動作分析與破解
購買時的滿意度	對產品的滿意度，對導購員的滿意度
購買後的增值服務度	服務項目的設置及執行
主動挖掘顧客價值	促動顧客本人重覆購買，挖掘顧客身邊的「潛伏」型顧客

十三、提高商店業績公式

　　針對店面銷售的特點，在做好人員管理的同時，店長需要從以下兩大方面來診斷並破解銷售的障礙，透過科學有效的方法來提升店面業績。

　　營業額＝ 顧客的單價 × 顧客人數

　　商店的總營業額是賣給顧客之單價，再乘上顧客人數的結果，分析商店總營業額，提高總營業額時之基本公式如下：

　　總營業額＝ 賣給顧客的單價 × 顧客人數

　　雖然是一個簡單的算式，但卻是商店診斷的基本，所謂的商店診斷就是要針對受診商店提出如何提高賣給顧客的單價，以及如何增加顧客人數等建議，再加上一個不可或缺的條件如何增加利益，如果沒有觸及到上述幾點的話，此商店診斷就幾乎是沒有什麼價值了。

（一）提高賣給顧客之單價

　　提高賣給顧客之單價，一般商店提昇單價的方法通常是「將店面改裝後，齊全商品使之專門店化、或是高級品店化，然後提高賣給顧客的單價」。

　　在居酒屋我想大家都有這種經驗，愈是裝潢得愈漂亮的店愈是價格昂貴，而服飾品店和喫茶店也是同樣的道理，愈是高級其價格愈貴，若是在沒有改裝過的店面擺著很高級的專門品，反而會帶來不好的效果，通常在不太講究的店裏找不到高

級品。而顧客本身也覺得，因為店面之改裝，多少價格提昇許多是難免的事，但相反的也會有因突然的漲價而產生抗拒感，從此不再踏入此家商店的情況發生。

由於店面的改裝，商品的整備齊全，因而提昇了賣價，但一度調整上漲的賣價還會有下降之可能。

店面的改裝，商品的整備齊全以致於提高了賣價多半是發生於一般商店，而超級市場的情形可能又有些不同，超級市場會隨著賣場面積之增加而提昇賣價。

目前為止只有食品部門的超級市場增加到雜貨部門、實用衣料部門、家電部門等，其總營業額除了食品部門的外，還可再加上雜貨部門、實用衣料部門、家電部門等之營業額，總之就是只要一位顧客買了食品部門以外的東西時就等於提昇了顧客單價' 和一般商店的單價提高有些許微妙的不同。而超級市場在完全不需要再增加食品部門的項目，而且商品和之前沒有什麼改變的情況下還可以享有顧客單價提昇的益處，在此就將之前的公式分解重新修改，為您做說明。

A 式：總營業額 ＝ 顧客人數 × 顧客單價

B 式：總營業額 ＝ 顧客人數 × 一種商品的顧客單價
　　　　　　　× 購買點數

A 式能夠精確地將一般商店之總營業額計算出來，B 式能夠精確地將超級市場之總營業額計算出來。當然 B 式也可以將一般商店的總營業額清楚地算出來，但因為賣場面積比超級市場小得很多，而且一天的購買點數也有一定，因此不須要特地的去使用 B 式來做計算。

因此我們得知超級市場之顧客人數即使和改裝之前一樣，但卻會隨著賣場面積的擴大增加食品部門以外的販賣機會。Ａ式的顧客人數約 1000 人左右，其食品部門的顧客單價為 750 日圓，Ｂ式同樣是 1000 人左右，其食品部門的顧客單價如果還是 750 日圓的話，因為還有食品部門以外的收入，此部分就是所謂的顧客單價之提昇或購買點數之增加。

因此超級市場既使是同樣的顧客人數，由於賣場面積的擴大各種部門的設備增加，同樣也可以增加購買點數、提高顧客單價。

探索超級市場賣場面積增加之所以會造成各地大型商店問題複雜化之理由是此超級市場原始的顧客單價還是在運作之中的原因。但是超級市場以增加項目來增加購買點數的手段，當然應該歸結於其資本運用。

一般商店因無法以擴大賣場面積為其經營戰略，因此只好就現有的賣場面積做店面之改裝，將商品高級化或者是專門化以提高顧客單價。一般商店如有能力擴大賣場面積的話，也有可能隨著購買點數之增加，而提昇顧客之單價：但儘管如此，一般商店還是以店面之改裝和商品之齊全來達到提高顧客單價的目的。而這道理若沒有經驗過者是無法瞭解其中奧妙的。

（二）增加顧客人數之方法

商品之齊全固然可以吸引顧客，但最大的因素還是在於「擴大賣場之面積」。

既使知道擴張賣場面積是增加顧客人數最具妥當性的戰

略,會選擇擴大賣場面積的商店還是很少,因此身為一個診斷者不得不提出擴大賣場面積以外的方法,如下之 C 式:

A 式:總營業額＝顧客單價*顧客人數

C 式:總營業額＝顧客單價*(同一位客人*同一位客人平均的來店頻率)

普通一般商店的顧客人數是:

(1)商圈內的顧客(商圈內顧客人數)

(2)一定期間內的顧客(定期性)

(3)來過幾次的顧客(來店頻率)

像銀座的商店可能一生也只有去個幾次,而普通的商店一個月內會去個幾次,甚至一個星期內去買個幾次東西的顧客都大有人在,因此一般商店的顧客人數和銀座剛好相反,頻率較高,而此頻率數就是顧客人數起浮的重大因素。

經驗上,一般在寬廣商圈附近的商店人數多半來店頻率很少,而且也很少會重複地來,但因顧客伸展來源之絕對量很大,所以仍有它營業的價值,相反的一般在較狹展的商圈內的顧客伸展來源之絕對量很小,但來店次數頻繁,而且重複來的客人也很多。

廣域商圈和近鄰的商圈之顧客絕對量相差很多,近鄰商圈來店頻率很多,而且顧客也常重複地來是繼續維持商店經營的要因之一,但又因為是近鄰商圈,因此重複來的顧客也都是已固定的客源,如我住橫濱市戶塚區名瀨町之商店區,不可能還特地跑到東京去買東西是同樣的道理。

將 A 式分解成 C 式後如下:

(1)同一顧客(重複來店之顧客)的絕對數有一定之限度

(2)一般商店有必要增加同一顧客(重複來店之顧客)的絕對數

(3)必須以同一顧客(重複來店之顧客)之來店頻率為著眼之經營法

一般的商店之顧客來源大多是來自高來店頻率，如果做更面嚴密的統計，一樣的臉孔(同一位客戶、重複來店之顧客)是維持商店經營的重要因素。商店街流行蓋章、貼紙等，最近又流行起集點卡，其目的就是為了能達到高來店頻率。

以 A—C 式具體地為您介紹商店診斷時，因應區域、業種、營業形態等之不同，如何提高顧客單價、增加顧客人數的策略。A—C 式應該也可說成是商店診斷之基本公式。

總營業額＝賣給顧客的單價×顧客人數，是營業額分析之基礎。

商店的總營業額是賣給顧客之單價乘上顧客人數的結果，分析商店總營業額，提高總營業額時之基本公式如下：

總營業額＝賣給顧客的單價*顧客人數

雖然是一個簡單的算式，但卻是商店診斷的基本，所謂的商店診斷就是要針對受診商店提出如何提高賣給顧客的單價，以及如何增加顧客人數等建議，再加上一個不可或缺的條件如何增加利益，如果沒有觸及到上述幾點的話，此商店診斷就幾乎是沒有什麼價值了。商店診斷之提示必須集中在下列的四個項目中的其中一個，且提出具體的方法與手段。

(1)如何提高賣給顧客的單價

(2)如何增加顧客人數

(3)如何同時提高賣給顧客的單價以及增加顧客人數

(4)如何提高利益

問題解決型診斷和經營戰略之診斷、公家的和民間之診斷之區分等並不足一個太大的問題，從委託者的角度來看，主要是想具體的知道如何提高賣給顧客的單價、如何增加顧客人數、如何同時提高賣給顧客的單價以及增加顧客人數、如何提高利益等方法，如果不是做這四種診斷者，就不叫做商店診斷了。

當然也有以勞務管理為主，進行商店診斷的，在這種情況下主要是做勞務管理之診斷，而於診斷時必須間接地接觸到這四種主題，不管是直接、亦或是間接，只要是做商店診斷就必須要有觸及到如何提高賣給顧客的單價、如何增加顧客人數、如何同時提高賣給顧客的單價以及增加顧客人數、如何提高利益等：在這裏針對賣給顧客之單價和顧客人數做更進一步的說明。

（三）三句銷售話述讓顧客從15元消費到33.5元！

肯德基每當推出新品之時，廣告都是鋪天蓋地而來。但是，在 KFC 的收銀台收銀機的看板後面，都是印著收銀員必學的幾句銷售話語的，就如耳熟能詳的第二杯半斤之類。

例如經常去 KFC 的朋友經常能聽到收銀員這樣的話語：

先生，您是否再加包薯條呢？這樣的話就可以湊成一個套餐，可以給您節省 3 元。（實際上卻是多花了 6 元）

您要再加 3 元嗎？這樣就可以把可樂換成大杯，會多一半的量哦。（實際上 3 元可以買到 500ml）

您要再加 10 元嗎？這樣就可以買個玩具送給小朋友。

結賬的時候，還會問一句：「您還需要再點點別的什麼嗎？」（收銀員的這麼一句話，每年給 KFC 多賺幾個億）

這些就是肯德基收銀員的銷售話術，簡單的幾句話，卻讓你從開始的 15 元消費到了 33.5 元！就如日常的門店銷售，如果設計好恰當的銷售話術，是非常有助於餐廳營業額的提升。

那麼，怎麼才能針對自己的餐廳，設計出一套適合自己的銷售的話術？可以從這 6 個方面入手：

(1)尊重客戶是必須前提，您不是推銷產品，而是同客戶分享，增強客戶的消費感。

(2)要設定一個能吸引客戶逐步深入溝通的邏輯框架。

(3)要給客戶製造出一種不銷而銷的感覺。

(4)時刻謹記設定的框架和原則，做到不機械執行，根據客戶具體情況而靈活應變。

(5)要讓客戶主動發表意見，與客戶做到互動。

(6)話術再好，但是必須的前提是體現出有素養、尊重和關係客戶的表達方式。

十四、找出問題的主管巡店工作

巡店是為了及時發現問題、找到問題,也是每個店長日常工作的重要環節。賣場是整個超市服務標準化的綜合反映,而如何使商場每天都能處在高效率、高品質、高服務的經營狀態,有效率的巡店是達成上述目標的重要手段之一。

巡店用表明確規範了門店各級管理人員每日的巡店時間和日常工作流程。各門店店長須依照此流程執行並監督值班經理、部門經理和主管確實遵循每日工作流程的內容,正確使用表格。由於營運工作的煩瑣性、重覆性,許多日常事務如果不予以規定,往往被忽略或遺忘,這套表格參照了國內外許多大型量販店的實例及各成功店長的實際經驗制定而成,是一套實用性很強的工作流程設計。妥善地運用這一工具,可以有效提高各級管理人員的工作效率,增強規範化作業水準,更好地維持門店日常營運的高水準。

巡店要以不影響顧客購物為原則,巡店時要以「客戶第一」為原則。

巡店要做到發現問題,及時記錄,及時落實,儘快解決。對商場一時不能解決的問題要及時與有關部門和人員溝通協商。不得以客觀因素推卸責任。

表 8-25　店鋪巡查項目

日期：　　　　　天氣：　　　　巡查地點：　　　　　巡查人：

外部巡查					
項目	內容記錄				備註說明
商圈巡查	客流情況				
	商圈定位				
	顧客定位				
	品牌結構				
	促銷狀況				
競爭品巡查	品牌	A品牌		B品牌		
		讚賞點	不足之處	讚賞點	不足之處	
	品牌定位					
	陳列形象					
	顧客服務					
	人員管理					
	賣場管理					
	貨品情況					
	促銷活動					
內部巡查					
類別	檢核項目		情況記錄		改進建議
店外環境	店外的燈箱、招牌、門口清潔情況				
	門頭海報、水牌活動標識				
	櫥窗陳列展示				
	門位模特穿著				
	從外向內觀看陳列器架佈局				

續表

類別	檢核項目	情況記錄	改進建議
店內 環境	燈光運作		
	音樂播放		
	地面衛生清潔狀況		
	試衣間衛生整潔程摩		
	收銀台衛生整潔程度		
	陳列道具、模特狀況		
	吊牌上標準打簽、物價簽符合物價 局標準		
	陳列貨品規範程度		
	半/全模特組合搭配、配件符合標 準程度		
店鋪 文檔	文件分類擺放、整潔有序		
	文檔內容完整		
倉庫 環境	衛生狀況良好		
	貨品數量合理性		
	倉內貨品擺放合理性		
	倉內空間合理性		
服務 情況	儀容儀表標準程度		
	打招呼		
	瞭解需求		
	貨品介紹		
	試穿與附加推銷		
	收銀流程		
	售後服務		
	店鋪團隊精神表現		

十五、打造 3 本自己店面的導購秘笈

　　店員非常優秀，平日她一個人的業績能佔到整個店面業績的一半，所以，這位老闆就設法留了她 4 年多。可是，最近這位員工辭職自己創業了，結果，店面業績一下子「倒掉了半壁江山」，下滑非常厲害。面對這種情況，老闆為眼前的業績著急，更為以後類似事情的發生而擔心。

　　這個問題也同樣在困擾著你呢？對於優秀的員工我們是要費大力氣，花大價錢把他們留住，可是，畢竟人家只是你的員工，遲早還是要走的。遇到這種情況，要盡快提升現有員工的技能，抓緊招聘優秀人才加盟，更應該考慮以後該怎樣避免人才流失帶來的損失，或者把這種損失降到最小。

　　其實，這個問題的根源在於這位員工的業績佔的比率太高，而之所以太高，是因為其他店員的能力和她相比實在懸殊，這才是根源的根源。所以，要從根源上解決這個問題，就要把他的技能在平日和大家分享，讓大家的技能至少不能相差太多。

　　會出現「倒掉半壁江山」的局面，一是因為辭職員工能力太強，所佔業績比率太高，另一個方面是即便可以快速招到新員工，一時也很難彌補業績的空缺，因為新員工要對店面的很多方面進行熟悉和瞭解，尤其要掌握產品的特點和相應銷售技巧。可這些對於他們來說往往要從頭開始學習，要一點一滴地靠自己去積累，因為現在的店面基本上沒有積累下相關的資料，更談不上有能夠立即使用的銷售技巧。

打造一套屬於自己店面的導購手冊，是店面管理必須啟動的一項工作。因為這樣的一套秘笈，既可大幅提高現有員工的普遍導購水準，又可以讓新員工快速掌握屬於自己店面的銷售技能，彌補業績空缺。

手冊既能夠提高導購技能，又能為新員工的學習教材，它不但是針對你的店面的導購秘笈，更是你店面的無形資產。

一、第一本是《產品優點話術手冊》

怎樣尋找產品的優點呢？

第一，透過腦力激盪的方式尋找每一款產品的優點。優點可以分為原材料的、技術的、款式的、風格的、品位與檔次的、價格的、使用便利的等方面。

第二，一次不能針對太多產品，最好 5 款左右為宜。每一款產品至少要保證 30 分鐘的討論時間。活動進行的時候，大家只能提產品的優點，不許提缺點，不管別人提的優點多麼離譜，其他人員都不得反駁或者提出異議，這樣可以最大限度地把大家的思維激發起來。

第三，每一款產品都要有專人記錄，記錄的時候不要怕亂，也不要整理，要如實記錄。待活動結束後，再對這些優點進行歸納和整理，剔除那些不符合實際的優點，並最終形成正式的書面文字。

第四，針對每一款產品的優點，根據大家的表達習慣，編纂成產品介紹的標準話術，然後裝訂成冊，這就是屬於你自己店面產品優點的話術手冊，更是學習產品的實戰教材。

二、第二本是《顧客異議應對話術手冊》

很多新店員剛上崗的時候往往是信心百倍，可是，過了不久，信心就慢慢地丟失了，造成這一普遍現象的是導購技能缺失，另一方面則是每天失敗得太多，遭受的挫折太多。

而造成失敗與挫折的主要原因則是來自於顧客的異議，面對顧客的這些問題，如果導購員能夠有效回應，顧客就可以多停留幾分鐘，信任就增加了幾分，導購員也會因此受到鼓勵，對自己的品牌也就多了幾分信心；可是，如果導購員沒能有效回答，顧客不但會快速走掉，還會抱以質疑的態度，導購員就會多一分失敗感，對自己的品牌也就少了一分信心。

針對每一個顧客異議找出最有效的應對話術，並形成正式的《顧客異議應對話術手冊》。然後要求所有導購人員把這些話術都熟背下來，最後再形成每個人自己的表達方式。

表 8-26　顧客異議的應對話術

顧客異議	
顧客異議背景分析	
應對話術範本	範本一：
	範本二：
	範本三：
備註	

三、第三本是《導購與服務技巧手冊》

骨幹員工的辭職之所以會給店面帶來損失，主要是因為她

的技巧只屬於她一個人，是她一個人的專利，而其他的員工雖然想得到她的「真傳」，可卻缺少有效的途徑，透過一定的方法讓每一個員工都能夠分享成功方法，才是解決這個問題的核心所在，而這個方法就是打造屬於自己店面的《導購與服務技巧手冊》。

第一，要求每位導購員每週必須總結出三個自己認為比較成功的銷售服務技巧，要講出這每個技巧是在什麼情況下使用的，思路和步驟是什麼，操作時需要注意那些方面的問題，表達的話術又是怎樣的，等等。

第二，對於每一個技巧的每一項內容，千萬不要隨便地「口頭表達一下」就了事，一定要把每個人的技巧寫下來，如果有人不善於表達，就委派專人代為整理，然後做成正式的書面資料，這樣既可以實現有效的記錄，又可以成為大家隨時查閱和參考的學習工具。

第三，只是書面總結還不夠，還要要求大家針對自己的技巧給大家進行現場培訓，而且培訓的形式一定要正式，要告訴大家技巧的背景是什麼，自己的思路和策略是什麼，話又該怎麼說，等等。這樣既可以讓培訓者透過備課和授課的過程進一步提升思路和技巧，又可以讓其他學員獲得更大的收穫。

第四，需要注意的是，這種總結方法開始時大家不太怎麼配合，尤其優秀的員工會擔心因為自己的技巧「洩密」而影響自己的業績。所以，要先做好優秀員工的思想、、、、工作，表達領導對他的期望，同時要對積極配合者或者貢獻較大的進行一定的獎勵，以鼓勵大家相互促進。

十六、傳統商店要設法開發獨特商品

對於傳統商店而言，要與網商競爭，最重要的莫過於擁有屬於自己的獨特商品，尤其假使這種商品是劃時代或備受矚目的商品，則更能助其迅速地擴大商圈。

有獨特商品的店鋪，其店中其他商品的銷售量亦會因而大為提高，假使店鋪性質是屬於食品店，則若能提供當場示範的菜肴供顧客品嘗，就能顯現出該店特色，而獲利自然就會相對地提高。商店只要能略微花費心思，亦有可能開發出獨特的商品：

1.開發獨特商品

Y 鞋店是一家以自由車選手為銷售對象的鞋店，但僅靠這類商品是無法使銷售額提升的，因此這項弱點便成為該店極待突破的課題。

此外，Y 鞋店所在的位置並非是銷售條件優越的商圈，於是該店便為了吸引商圈外的顧客而開始推銷手工製造的鞋。他們在生產這類鞋時都儘量發揮獨特的技術，如配合顧客不同的需要而設計製造各種不同的鞋，或替尺寸特別大的人製作特大號鞋，以及製造其他鞋店所買不到的商品等。Y 鞋店以這種方式來表現自己商品的特殊性，結果連手工製的鞋類以外的商品也連帶受到正面影響，銷售額比前一年成長了34%以上。

一家店只要有真實的工夫和技術，將技術充分地發揮出來，以便使自己的店富有獨特的個性，而以與眾不同對顧客作

訴求。

2.批入商品後再次加工

批入商品後不能就直接標價出售，而應稍微加工，因為唯有如此，才能開發出屬於自己的獨特商品。

雖然把所有進貨的商品都重新加工是非常費時麻煩的，但暢銷的主力商品則有必要經過此一流程。

因為，經過加工後的商品，往往能賦予店鋪特色，相對地便提高了對顧客的吸引力。

譬如某運動鞋店開發出一種很獨特的鞋帶，並於出售運動鞋時附送此鞋帶作為更換之用，結果經由顧客們的義務宣傳，目前這家運動鞋店已擁有相當多的客人，此乃藉由開發獨特商品而成功的例子。

假使所開設的為布料店，則類似「代客修改衣服」的服務也具有像獨特商品般的意義。這時也必須以「只屬於你一個人的商品」為號召，且修改衣服的服務最好不要僅止於舊衣服，即使是新衣，只要顧客確實有需要，也應提供免費服務，這是一種獲取顧客好感的方法。

譬如顧客找到了自己喜歡的顏色、質料及款式的上衣，但唯一不滿意之處是上衣沒有肩墊，這時店家就應該主動提出可為其代裝肩墊，如此顧客必定會十分滿意的購買。

店家也可以替顧客在洋裝的胸襟部位別上可愛的飾品，總之只要顧客喜歡，就應該儘量地給予免費服務。

3.開發（獨特的）禮品

最能表現零售店特色的便是贈送顧客獨特禮品，尤其在未

來的商場獨特禮品需要有愈來愈大的傾向下，身為專門店經營者，更應特別努力構思和開發這類獨特的禮品，以吸引顧客前來購買。

店家贈送的禮品應能強調是「送的人」親自挑選的，亦即可令對方感受到送者的誠意與熱忱，因此禮品最好是手工製成，應避免隨處可見的現成品。

另外，禮品的式樣、實用性、外觀等都應花時間與智慧去構思，同時需考慮所贈禮品的適當與否。

目前雖有許多專門出售禮品的商品，但不能從這類店鋪買回禮品後便直接贈送顧客、禮品必須先予加工，以便能藉禮品表達出贈送者的感謝之情。

十七、商店要打造零售業品牌

首先是開發販賣獨特商品，其次是打造零售品牌。在商品促銷過程中，企業品牌是個非常重要的因素，因為它本身在一定程度上代表了零售業和該企業所銷售的商品，一個好聽、易記的零售品牌魅力，可以起到意想不到的作用。

儘管現在許多企業的經營管理者都知道品牌的重要性，但是在實際經營中能够充分發揮品牌的重要功能的企業家並不多見，在零售行業中重視品牌創建、發揮零售品牌效應的企業家更是少之又少。

如何創建一個優秀的零售品牌，成為零售企業經營管理者的當務之急。

世界上的零售業創建自有品牌起源於 20 世紀初期,它們之所以對自有品牌發生興趣,最原始的起因是能够統一商品的定價,並提供較低定價的商品系列來與生產企業的品牌進行競爭。

當然,這一做法獲得成功的前提是消費者能够接受與生產企業品牌相比要低一些的質量標準,而這種較低的質量標準與顯然要低更多的價格相比,就顯得微不足道了。

隨著連鎖業的發展,連鎖零售商發現擁有更多的商店可以發揮規模經濟的優勢,而且這種商店的規模越大越好。在這一發展過程中,他們開始意識到零售業自有品牌在加强其市場定位中的作用。

絕大多數零售企業自有品牌被廣泛利用來宣傳商店的低價格定位,但是隨後很快就發展到質量定位和服務定位方面,使零售企業自有品牌的功能更廣泛,也使消費者開始認識並評估零售業自有品牌與眾不同的特性。

在這種情況下,零售業自有品牌越來越普遍,也越來越得到消費者的認可和接受,消費者對使用零售業自有品牌也越來越有信心。

在許多家庭晚會和朋友聚會上,零售業自有品牌商品越來越多地出現在餐桌上,成爲供眾人享用的美食或必需品。而零售業也從這種自有品牌中獲得了越來越多的利潤。

十八、決定商店命運的客戶漏斗模型

四個數字可以決定商店賣場的銷售業績，即客流量、進店率、成交率和客單價這四項客流品質指標。商店必須不斷有新鮮的東西，滿足客戶的好奇心理。

四個數字可以決定商店賣場的銷售業績，這數字就是路過商店的總客戶人數（客流量）、進入商店的人數百分比（進店率或捕獲率）、在商店購物的人數百分比（成交率或轉換率）、每次購買的平均金額（客單價）這四項客流品質指標。

總客流量、捕獲數、成交客戶數會呈現一種逐漸遞減的規律，即商店經過總客戶量＞商店捕獲客戶數＞成交客戶數，這種呈現漏斗形狀的商店來客數與購買人群的對比關係，稱之為「商店來客購買漏斗模型」。對於不同的零售業態，漏斗出口大小不一樣。百貨商店的來客漏斗出口會比較小的而超市、大賣場的來客漏斗出口會比較大，因為百貨商店的客戶中，閒逛的客戶比較多，實際購買的人數少，而超市的客戶人群目的性比較強，這些客戶大多會選購商品，實際購買行為比較多。

圖 8-4　商店來客購買漏斗模型

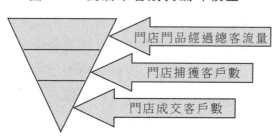

商店的經營效果最終取決於漏斗出口的大小：有的商店漏斗出口很小（購買人數少），客流品質不好；而有的商店漏斗出口大（購買人員多），銷售業績自然也會不錯。

客流品質直接決定了商店的經營業績，下面以 A 店、B 店為例說明問題。

A 店開在馬路邊的小超市每天路過的人是 1000 人左右，其中 300 人進來，200 人買了東西，平均客單價是 180 元，每天的收入是 3600 元。

B 店開在胡同裏的小超市每天路過的老街坊大概有 300 人，其中買東西的是 100 人，平均客單價是 150 元，每天的營業收入是 1500 元。

從上面的數字可以看出 A 店、B 店兩家小超市經營業績的差距。

很多開過百貨店、超市都有這樣的經歷，剛剛開業時商店人聲鼎沸，熱鬧非凡，銷售業績也是高高在上，這種情形會讓所有的零售業者信心滿滿、開心不已。可惜好景不長，三天後商店就會恢復平靜，從此銷售業績大大縮水，開業時的鼎盛光景成為回憶，這究竟是什麼問題？這裏面包含了零售業兩個普遍現象，這兩種現象的綜合作用造成了上述結果。

第一個是客戶的好奇心理與來客漏斗。新開業的商店往往會引起客戶的好奇心，客戶會特地跑過來看看這家新開的商店到底有什麼新奇，這種好奇的心理會促使大批客戶湧向新開業的商店。當客戶發現這不過是一家普通的商店，神秘感馬上消失，正常營業後就不會有人特地過來了。

第二個因素就是經濟學理論談到的「沉沒成本」。客戶到了新商店，即使沒有打算，也多少會買一些日常用品和食品，這時客戶心裏會盤算，既然到了商店，時間、車費都已經付出了（即沉沒成本），索性買一點，因此開業時商店的銷售額都會顯得比較大。

因此，商店要不斷給客戶製造神秘感。商店必須不斷有新鮮的東西，滿足客戶的好奇心理前來看看究竟。商店可以通過不斷引進新的商品，淘汰表現不佳的商品，長期供應特價商品等手段讓顧客保持對商店的新鮮感。有人甚至提出，商店每天都應當不同，一成不變的商店會讓客戶感到厭倦。

十九、用商店數據說話

商店利潤和三項指標對等，第一項指標是庫存，第二項指標是銷售費用，第三項指標是平均銷售折扣價。這三項指標對商店的利潤有絕對的影響。

評估商店業績的 12 項數據指標如下：

1.銷售額

一個商店業績做得好不好，銷售額是第一個指標。但是有一點必須要說明，銷售額和利潤不是對等的，即不是銷售額越高利潤就越高。那利潤和什麼對等呢？利潤和三項指標對等，第一項指標是庫存，第二項指標是銷售費用，第三項指標是平均銷售折扣價。這三項指標對商店的利潤有絕對的影響。

那銷售額到底能反映出什麼問題？

它能反映出的第一個問題就是生意的走勢。商品在開始上市的幾個月中，都非常想瞭解商品的走勢呈現什麼狀況，然後才可以決定怎麼樣處理貨品。假如走勢是一會兒高一會兒低，或者直線往下降，就要分析原因，是促銷做得不夠，是推廣活動做得不夠，還是別人都在打折而我們沒有打折。鑑於此，需要對銷售額有一個清晰的瞭解，做到每天跟進、每週總結、及時調整。

第二個問題是怎麼樣為員工訂立目標，激勵、鼓勵員工衝上更高的銷售額。沒有目標的員工就沒有成功感，目標本身是為了達成公司的要求，因為公司在經營過程中要盈利，員工要做的事情就是，為公司在這個過程中創造更多的盈利價值，同時讓自己獲得更高的收入，表現出自己創造財富的能力。所以訂立目標是非常重要的。

2.分類貨品銷售額

一個商店裏面的商品會分為大類和小類。什麼叫大類和小類？拿服裝來說，大類指的是男裝、女裝、配件、鞋和包。小類是指上裝、下裝，如毛衫、夾克、T恤等。對分類貨品銷售額的分析非常重要，因為在一個商店裏面，不可能每件衣服的銷售情況都是一樣的，有些時候可能10件小裝配，2件下裝銷售最好，可能1條裙子搭2件外套的銷售是最佳狀態。所以，分類貨品銷售額這個指標，能找到在商店裏面到底什麼類別的商品對銷售業績有影響。

想瞭解這個商店的業績，想知道為什麼今年跟去年，或是跟前年同期相比銷售一直在下滑，首先要分析商品組合是不是

合理。不同面積的商店，商品的組合度不同。例如像 300 平方米左右的大店，商品組合的系列感越強、色感越強，就是色系越全，銷售業績也就越好。大店有一個優勢，不僅有好的環境、有更多休息的地方，更重要的是，貨品較多，客人可以有更多的選擇，所以客人停留的時間長。停留時間長是件好事，但是停留時間長而連帶銷售率很低就是壞事。如果在商品的組合上能讓客人買 2 件以上，商店的交易水準才會高，經營成本才會低。

在經營過程中瞭解商品銷售品類的結構，主要是判斷組合是不是合理，不合理往往會造成庫存增加，賣了上裝沒下裝。另一個是判斷商品的匹配是不是合理，如果不該有的貨品佔了大量的貨架，該有的沒有上架，也沒有陳列到應有的地方去，那麼，店長就需要在下次訂貨的時候重新做出決策。

瞭解該店所在地區消費者的取向，將銷售低的品種在店裏面做促銷也是很重要的一點。如果客人不喜歡商店衣服的風格，這時需要將商品重新組合，全部進行調整。

一般來說，商品的組合分三個部份，一個是售前，一個是售中，還有一個是售後。就商品管理而言，售前、售中和售後是不同的。

售前能不能賺到錢在於預測能力，打個比方，如果商場規定 2 月 15 日統一開始上貨，2 月 15 日到 3 月 15 日這段時間的銷售，商店就不可能等確切地知道客人的需求才進貨，而只能是店長或者採購貨品的人，根據以往的經驗和對本地區消費者的瞭解做出相關預測。很多商店，有的在這段時間銷售很差，

就是因為缺少預測什麼款在這個季節賣得最好的經驗。很多公司在售中狀態能夠把握業績，但因為貨品已經擺到賣場中，這個時候還是在被動地讓客人自己挑選衣服的過程中，發現什麼款好賣，再找公司追單進貨，開始補充這個款式，可這個時間已經浪費了 1/3。

在 3 月 15 日之前有可能都是按原吊牌價錢賣貨品，在 4 月 15 日到 5 月 15 日之間只能賣平價貨，到 6 月 15 日只能賣折扣貨。前面原價銷售貨品的時機已經過去了，所以做零售的時候，一定要知道怎麼抓時機，知道貨品在什麼時間才會有高額回報。

許多公司的終端培訓比較側重於心態、管理技巧、員工輔導等方面，但這些都是輔助手段。陳列做得好只有輔助作用，員工訓練得好也只有輔助作用，如果貨品本身都有問題，那輔助手段是替代不了結構性問題的。也就是說，主要問題沒有解決，光靠輔助手段，商店的業績也不會改變。商店裏面最重要的就是品類管理，如果品類管理沒有做好，培訓做得再好，心態再積極，也改變不了不盈利的事實，因為沒有抓住盈利的核心——商品。因此，不管是服裝企業，還是零售企業，所有的價值都應該圍繞商品展開。商品出了問題必須看數據，必須做同比，必須拿以往的數據、對手的數據作對比，這樣才可以找到問題的癥結，採取正確的解決辦法，最終改變不盈利的事實。

3.客單價

客單價指銷售額與交易次數的比。交易次數越多，意味著顧客每次購買的單價銷售能力越低。可以看出，客單價比較低

的顧客都是一些收入階層比較低的顧客。通過分析，可以知道在商店裏高客單價、中客單價和低客單價到底是由一些什麼樣的客流量組成的，這個對判斷、提高商店業績有很大的關係。每個商店都希望通過高客單價賣出更多的商品，提高單店的盈利能力。如果單店平均每天客單價成交比例非常低的話，可能是因為導購的銷售能力不強，或者新員工的比例太多而影響整體的銷售水準。

有一個指標大家可能沒有特別注意過，平均銷售客單價太低意味著商店裏面的員工需要訓練，特別是在一些銷售技巧方面。銷售經驗成熟的員工賣貨品靠的是銷售技巧，而銷售經驗欠缺的員工賣貨品靠的是折扣的比率。

客單價不僅反映的是員工的銷售能力，也反映出不同收入層面的顧客在商店裏的實際購買情況。

4.坪效

大家知道，並不是面積越大的店營業額越好，如果一個 50 平方米的店做 100 萬，而 1000 平方米的店做 800 萬，那可能 50 平方米的坪效更好。

坪效是指每天每平方米的銷售額。它有五個作用。

第一，幫助分析商店的平均生產力，看是否需要增大店面。有些商店連著兩三年坪效沒有增長，但是這個坪效在那個樓層卻是最高的。如果公司想讓它再增長，辦法只有一個——增大面積，否則坪效的增長就到了極限。因為你的坪效跟對手的、跟你以往的銷售記錄比都是最好的，這意味著不增加店面是沒有辦法增加坪效的。

有些公司可能會考慮增加人手。那是沒有用的，每一個單店在某一地區的銷售潛力增值是有限的，如果想擴大佔有率只有三個辦法，一是擴大店面的面積，二是換裝修，三是在旁邊再開一家新店，沒有第四個辦法可以想，因為做零售有些方法是固定的。

第二，分析店內的存貨是否足夠，確認店內的存貨數量與銷售的對比。如果想讓坪效做得高，首先商品的缺貨數量一定要低，當然，也不是缺貨數量越低，公司的盈利就越好，而要達到一種最佳狀態。

第三，通過坪效，可以瞭解員工的技巧。因為很多時候商店裏的導購是分區的。

第四，通過坪效，可以瞭解商品陳列是不是得當，是不是在有效的貨架位置上沒有擺上好的貨品。

第五，通過坪效，可以瞭解商店的貨品種類是不是太少。商店的面積不同上貨的種類就不一樣，種類不同經營的思路也不同。

30 平方米左右的店，貨品種類太多是一種「災難」。因為面積太小，貨品種類越多，店內就越擁擠，客人停留的時間也就短，成交的機會反而更低。

50 平方米的店的商品，要以 30 平方米的店好賣的單品為主，讓客人一進店就知道來買什麼，並且在最短的時間成交，客流量越大坪效越高。這是做零售的遊戲規則。

50 平方米以上的店，一定要種類齊全，讓客人進店以後感覺有很多東西可以選，但是系列感不要太強。因為來這種店的

客人不會停留太長的時間，店內的選擇更多，成交的機會更大，連帶率也更高，但不需要系列。

100 平方米以上的專賣店，一定要有形象。因為到這種專賣店來的基本是老顧客，他們覺得這裏的環境好、客流量少，可以安靜地享受導購更多的指導和指引，所以連帶率一般比較高。

經營 400 平方米以上的店又不同了，與經營小店的概念是不一樣的。在經營商店的時候，一定要注意通過這些數據發現問題，從而找到解決的方法。

5.連帶率

連帶率是指銷售的件數與交易的次數的比，是銷售過程中一個非常重要的判斷依據。交易一次客人買走 2 件，說明連帶率高，如果交易一次客人買走 5 件，說明連帶率非常棒。對連帶率最有影響的就是貨品的搭配，商店不要按照公司死板的搭配，要有些靈活的搭配，學會抓住客人的需要，這樣成交的機會才會比較大。

誰都希望客人進店，平均購買率在 1.5 或者 2.0 以上，這意味著購買量越多業績越高，還意味著商店員工經過訓練，銷售能力也在不斷提高，服裝搭配的能力也在不斷增強。一般來說，店長不能光憑感覺來發現員工能力方面的欠缺，要通過數據找到存在的問題，因為事實勝於雄辯。例如，要想提高連帶率，員工首先要對服裝很瞭解，其次要有較強的服裝搭配能力，再次是在銷售的過程中，利用促銷等銷售技巧，儘量讓客人多購買，這些都是店長需要幫助店員提高的方面。

6.流失率

貨品的流失率指缺貨吊牌價與期間銷售額之比，再乘以100%。例如，月貨品的流失率等於月末盤點的缺貨吊牌價除以月銷售額，再乘以 100%。缺貨率主要指貨品的丟失情況，例如一些配件、包以及促銷商品的丟失。在管理過程中，把小的配件放在收銀台附近，可以降低商品的缺貨率。做休閒裝的賣場一般比較大，缺貨率也較高。像沃爾瑪超市這種大賣場，每年光丟失的貨品帶來的損失就達幾千萬。對於商店來說，改善貨品的陳列，加強商品的保管，注重對員工在這方面的教育，缺貨率就可以得到解決。

7.庫銷比

在商店經營過程中，庫銷比是一個用得非常多的指標。它是指庫存的件數與週銷售件數之比，可以反映出貨品在銷售過程中是否處於正常的狀況。假如有一個款式 2 月 15 日上的貨，對這個貨品的要求是在 3 月 15 日之前，即在 4 週的時間裏賣掉100 件，平均每週大概要銷售 25 件左右。結果可能會有兩種情況：一種是在 2 週之內已經賣掉 70 件，超額完成任務；另一種是 2 週之內只賣掉 30 件。

商店裏的每個款、每個色、每個碼在上貨架之前，店長應該對它們的銷售週期有一個規劃。為什麼要劃分銷售週期呢？因為產品是有生命週期的，而服裝業是產品生命週期反應非常明顯的行業，有些款可以賣 2 週，有些款可以賣 4 週，有些可以賣 20 週，有些賣了 8 週以後就不再能銷售了。像第一種情況2 週賣掉 70 件，按理說這個時候應該追單。那應該追多少？又

怎麼做呢？找公司追單，拋掉公司上貨的 4 天時間，還剩下 10 天，在這 10 天裏是選擇追 70 件、追 50 件還是追 30 件就非常重要了。如果追 70 件，從追單開始就會造成 30 件形成新的庫存，因為商品的生命週期已經過了。這種情況在很多商店特別嚴重，因為店長不知道究竟追多少貨才合適。

在一些公司的商品追加訂單會議，很多店長說他那個店某某款好賣，4 週賣掉了 200 件。這個時候老闆會要生產部加做這種款式。結果等這個貨真正擺到賣場的時候，才發現上了 100 件卻只賣掉 30 件，後面 70 件在追單以後一動不動，完全沒有辦法銷售了。原因很簡單，每一種產品的流行度不同，銷售週期也就不一樣，這個就叫商品的生命週期。

假如某個貨品 2 週賣掉 70 件要追單，這個時候追單就要追現貨，因為這種貨從公司到賣場只需要兩三天。要是時間太長，過了商品的生命週期，即使貨到了也沒有意義了。如果只剩下 2 週，而現貨又沒有了，那該怎麼辦？就要在商店裏尋找替代商品。也就是從現在銷售的商品中，找出一個更有銷售潛力的商品，然後重新佈置櫥窗，再做一些促銷活動，就很可能會讓這個商品成為這一週的主銷商品。

8.暢/滯銷 10 款

若想把握商店的銷售就不能坐著等。坐到收銀台前，等著客人來購買的這種經營商店的模式已經過去了。現在要做的事情是，通過利用一些手段和方式在售前、售中和售後來抓住銷售亮點，變被動為主動。

這裏所說的 10 款分為每週的前 10 款、每月的前 10 款、每

季的前 10 款。為什麼一定要這麼分呢？大家都知道，每個公司每年都會推一個主題，例如 LV 公司去年推的就是航海系列，因為它贊助了「美洲杯」的帆船賽，專賣店裏有航海的眼鏡、航海的包、航海的鞋子、航海的服裝等各種關於航海系列的服裝和配飾。LV 公司為什麼推這個？因為它想告訴大家今年在做一個新的故事，這是它全年推的主題。

LV 公司的產品開發得很慢，基本上是兩年半到三年才推一個新款，但最好賣的一定是去年或是前年的舊款，他推出的新概念的貨品賣得並不是最好的。那為什麼還要每年推一個新概念呢？理由是，推新概念才會帶動舊商品的銷售。這些主推款很可能都是用來做形象、做概念的，或者用來做展示的。

9.人效

人效是平均每人每天的銷售額。通過這個指標可以知道每個人在店裏的貢獻是多少，瞭解那個人表現好、那個人表現差，清楚員工那些能力還需要提高。如果銷售能力比較弱的員工每次都能得到很好的收入，就會打擊銷售能力非常強的員工的工作積極性。所以，根據人效指標，有針對性地對那些能力較弱的員工進行培訓，才能提高他們的銷售能力。

對速銷品公司來說，店裏的導購一般比較多，像 ZARA、H&M 商品的流動件數非常高，配備的導購人數比普通商店每平方米配備的人數稍微多一些。還有一些賣奢侈品的商店，配的導購人數也非常多，因為這種商品的單件價值非常高，他們希望能為客人提供全方位的服務。

所以，根據人效可以知道員工的銷售能力，與該貨品是否

匹配，主要是根據員工最擅長銷售什麼產品，來重新安排銷售區域，同時將銷售能力強的，和銷售能力一般的員工進行搭配組合，這樣對銷售也會有些幫助。

10. 同比

同比就是指與去年同期相比銷售額有沒有增長。

11. 毛利

毛利是指沒有除去費用時的總利潤。由此可見，毛利增加並不代表利潤也增加，只有除去成本等一切費用後的淨利潤增加了，才表示利潤的增加。在整個商店經營過程中，可以通過上述 12 項指標，來發現商店裏存在的各種各樣的問題，進而找到解決的最好方法。

二十、日本便利店的相關性分析

在日本 7-11 便利店的分析中，重點是找出所有影響商品銷售的關聯關係。例如，在日本 7-11 便利店，客戶與商品之間的關聯關係始終是重點，這就是日本 7-11 便利店的客層分析。

（一）便利店的客層分析

日本零售業並沒有像美國同行那樣普遍實行會員卡管理，沒有實行會員卡的超市、便利店，要想瞭解客戶群體的基本狀況，存在一定的難度。對此，日本 7-11 便利店採取了「客層分析」，即將客戶劃分為不同的客戶群體，集中分析各個客戶群體的消費行為及消費習慣，從而制訂不同的行銷策略。

　　7-11 屬於便利店業態，很多客戶都是流動客戶。而且日本
7-11 便利店銷售的「主力商品」都是盒飯、麵包、飯團、乳製
品等保鮮期、保質期短的商品，隨時瞭解客戶出現的時間、瞭
解客戶的性別、年齡、職業、收入、購物消費行為，對於 7-11
便利店來說具有十分重要的意義。因此在沒有實行會員卡的情
況下，日本 7-11 便利店在 POS 按鍵上，加了一個「客層鍵」按
鈕進行客層分析數據採集。在日本 7-11 商店進行收款時，將商
品的條碼掃描完成後，收銀員對客戶進行目測，然後透過「客
層鍵」按鈕，把每一個交款的客戶進行性別、年齡段、職業概
要描述（學生、上班族、家庭主婦）、收入預測等特徵快速地錄
入 POS 機中，這時收銀機的銀箱才可以打開，收銀員才可以完
成收款。透過這種方法，7-11 形成了完整的、含有客戶基本特
徵的購物籃信息。

　　儘管日本 7-11 便利店的購物籃信息無法描述出客戶詳細
的個體信息，但是按照客戶群體分析的要求，日本 7-11 便利店
的 POS 機數據可以清晰地揭示出購物者的年齡、性別、基本職
業特徵、收入預估等。這些信息對於日本 7-11 便利店分析客戶
群體、購物籃構成已經夠用，透過這些信息，日本 7-11 便利店
已經明確了自己服務的到底是那些客戶群體，這些客戶群體的
購物籃構成是什麼，從而可以知道這些客戶群體到底需要什
麼。這就是日本 7-11 便利店的客層分析系統。透過這一分析系
統，日本 7-11 便利店可以將客戶的深層消費心理及需求挖掘出
來。

　　日本 7-11 便利店的客層分析以及在此基礎上發展的購物

籃分析在世界上是獨一無二的，透過這一獨特、簡單而實用的分析系統，為日本 7-11 便利店獲得很極大的競爭優勢。

為了使數據更加及時、有效地傳遞，日本 7-11 採取了獨特的每天傳輸 3 次商店數據的做法。這件事情看起來簡單，實施起來難度很大。

很多零售商店，每天一次的數據傳輸都難以保證，這裏可以看到日本零售業工作的細緻。

透過這一分析系統，日本 7-11 便利店可以清楚地知道，遠離城鄉的日本 7-11 便利店應該多準備鮮奶、麵包類的商品，旅遊地區的 7-11 便利店應該多準備日常用品類的商品。分析出商店的地理位置、群體構成不同，消費層次就會不同，商品結構及業務模式也會不同，這就是日本 7-11 便利店的智慧數據分析系統的威力。

日本 7-11 便利店在客層分析及購物籃分析的基礎上，十分注重商品的週轉。為此日本 7-11 便利店把商品銷售的重點放在了熟食和半成品上面，例如麵包、糕點、盒飯等。這類商品購買率高、週轉快，會形成一天 3 次的購買時段，這種商品就是日本 7-11 便利店所追求的，也就是日本 7-11 便利店的購物籃策略。

7-11 便利店很多商店的主要客戶群體是未婚的年輕人，為此便利店積極為單身客戶開發了單身族用品，例如飯團、具有個性的小物品等。

為了滿足「從事電腦、軟體發展等新興 IT 行業的人員」容易加班、需要宵夜的習慣，便利店為此會在夜晚的時候加訂零

食、宵夜食品等商品。這也是便利店利用 POS 機購物籃信息，
按照職業分類特徵分析出的購物行為。

（二）便利店的分析因素

日本 7-11 便利店會將所有影響商品銷售的關聯因素透過
銷售報表全部列出來，這些報表可以顯示在 POS 機的螢幕上，
供商店有關人員自主分析、參考。這些相關性分析報表主要有：

- · 商品陳列特徵因素：對於不同陳列方式的商品進行銷售
  對比，便於找出最合適的商品陳列方式；
- · 促銷商品因素：對於促銷商品的銷售進行跟蹤，尋找促
  銷對於商品銷售的影響；
- · 商品不同包裝因素：對於不同包裝規格的商品進行行銷
  售對比；
- · DM 宣傳冊商品銷售狀態分析：對於刊登 DM 廣告的商品
  進行跟蹤，用以分析 DM 廣告的有效性；
- · 陳列位置因素：按照商品在商店的不同佈局位置，分析
  銷售狀況的變化，從而尋找最佳的商店佈局；
- · POP 商品銷售分析報表：對於在賣場懸掛 POP 的商品銷
  售狀況進行跟蹤分析，評估 POP 的張貼是否有效；
- · 販賣時間點報表：實際上就是提到過的「銷售時段」報
  表，通過這個報表找出不同銷售時段的客戶群體及消費
  者特徵；
- · 天氣、溫濕度報表：這是日本 7-11 便利店特有的，在其
  他地區的零售店很難看到如此重視天氣及溫、濕度的情

況。對於日本 7-11 這樣的便利店，溫、濕度的變化會對商店的銷售額形成重大的影響，因此日本 7-11 便利店的銷售報表中，會有溫濕度對於商店銷售量的對比分析。在找到溫濕度對於商店的銷售量、單品表現的影響規律後，日本 7-11 便利店甚至會花費鉅資預定 3 天的衛星雲圖，以提前掌握天氣的變化情況，為商店的商品配送、商品上架提供科學的依據。可以說，將購物籃應用與天氣變化建立聯繫，日本 7-11 便利店是第一家。

日本 7-11 便利店的購物籃分析公開資料介紹得比較少，現有資料主要談的是日本 7-11 便利店需要分析那些商品客戶最有希望一起購買（即商品相關性分析）。透過每天 3 次收集的購物籃信息，日本 7-11 便利店的購物籃分析主要包括如下內容：

- 分析客戶的購買習慣，主要是分析不同年齡、性別、職業、收入的購買的商品、出現的時間、主要的購物習慣；
- 不同銷售時段的各個客戶層面的銷售特徵；
- 特定客戶群體主要購買的商品清單（例如日本 7-11 便利店發現男性客戶主要出現在晚上 7:00～9:00，他們購買的商品主要是盒飯，因此日本 7-11 便利店的商店可以在這個時間貨架擺放盒飯）；
- 不同客戶群體的銷售額及毛利貢獻分析；
- 商品不同貨位的銷售對比分析（銷售排行）；
- 根據購物籃，分析購物者在商店的路線圖，評估商店的商品佈局。
- 根據某類商品的客戶群體特徵，分析該類客戶的商品偏

好，為開發新品提供科學依據，例如單身食品的開發，
就是針對未婚的年輕人特地開發的。

· 分析商品購買的相關性，瞭解不同的商品在一起購買的
概率支持度（Support）；

· 通過商品在購物籃中的相關性分析結果，制訂向上銷售
（Up-Sell）及交叉銷售（Cross-Sell）的策略，從而達
到挖掘客戶的購買力的目的，這類案例在日本 7-11 便利
店有很多，例如日本 7-11 與朝日啤酒公司、樂天公司聯
合開發的新感覺低酒精飲料「朝日冰凍雞尾酒」，就是一
個典型的利用購物籃分析，開發新的向上銷售(Up-Sell)
的產品的案例；

· 分析商品的活躍度（銷售排行），以及這些活躍商品的關
聯商品是那些商品；

· 將活躍度高的商品作為主商品，按照商品關聯性的特
徵，商品的最佳結構，以及商品的最佳佈局；

· 根據購物籃分析結果，對商店的 DM 宣傳冊投遞準確性、
POP 廣告張貼的促銷效果進行評估；

· 根據購物籃分析的結果，對商店的銷售進行季、月預測。

上述購物籃分析結果，由日本 7-11 便利店的高級管理人員
每週進行審查，根據上述分析結果，確定那些商品應該上架，
應該補充那些品種，並對商店的商品結構、商品貨架與陳列等
具體工作提出建議。

日本 7-11 便利店的客層分析、購物籃分析已經運用到了相
當高的水準，已經不再是使用簡單的統計分析軟體，針對海量

的 POS 數據，日本 7-11 便利店於 2000 年開始在總部應用數據倉庫系統。

　　派遣有經驗的人員到商店觀察，依然是客層分析、購物籃分析中極其重要的部份。只有透過這種方式才能發現很多問題、驗證很多經營模式。

　　例如某地區的數據分析人員發現，某個商店出現大量不該在這個時間段出現的「學生族」客戶群體，為此管理人員專門到商店去調查，結果發現是收銀員在偷懶。收銀員在鍵入「客層鍵」時，為了圖省事，對所有的客戶都按了同一個鍵「學生客層」鍵，導致這個時段出現大量了「學生族」客戶群體。為此，總部人員對該收銀員進行了教育，糾正了錯誤。

　　這案例告訴我們，無論是客層分析、購物籃分析都要時時刻刻及閘店的實情相結合。

二十一、擴大銷售的途徑

　　擴大銷售的途徑有：增加顧客人數、增加顧客購買量、提高商品毛利率、提高顧客的重覆購買率。增加其中任何一項或多項，店鋪銷售額就能得到相應的提高。

　　任何一家店鋪的銷售額都取決於三個因素：銷售額＝顧客人數×每個顧客購買量×商品單價，因此只要增加其中的任何一項或多項，店鋪的銷售額就可以得到相應的提高。另外，提高顧客的重覆購買率也能擴大銷售，有效提高店鋪的銷售額。

表 8-27　增加顧客人數的途徑

序號	增加顧客人數的途徑	說明
1	提高導購的銷售和服務水準	店員優質的銷售服務水準是吸引顧客的最基本要求，因此針對店員的銷售服務技能進行培訓和指導，是吸引顧客進店，增加顧客忠誠的最基本方法
2	營造良好的購物環境	隨著人們生活水準的提高，購物不單是為了滿足物質上的需要，購物的過程也當作是一種享受，因此良好的購物環境能吸引更多的顧客
3	商品品種齊全、物美價廉、信譽好	當顧客進店後，有充足的完關的商品，想買的東西都能輕易找到，而且價格又合理，那麼下次她肯定還會再次光臨
4	派發 DM 或作廣告宣傳	在店鋪附近居民區派發宣傳單張，是成本較低而且吸引顧客來店最直接有效的方式
5	舉辦現場促銷活動	方式各異的現場促銷可以活躍賣場氣氛，增加人流，提高成交率，起到「顧客攔截」的作用，只要長期堅持各種形式的滾動促銷，就能征服顧客的心，成為顧客的首選品牌
6	提供良好的售後服務	顧客在購買商品特別是電器等貴重商品時，售後服務是一項必不可少的參考標準，而能否提供良好的售後服務決定了顧客對於商品品牌的認同度。良好的售後服務會使你的店鋪更具有市場競爭能力，增加更多的顧客數量
7	老顧客介紹新顧客	每個顧客身邊都有一張約 250 人的關係網，如果門店人員服務好一個顧客讓其滿意成交，並請求這個顧客介紹親朋好友採購物，那麼就意味著門店有可能把商品賣給更多的顧客

1. 增加顧客人數

　　店鋪增加顧客人數的途徑主要有兩個：一是透過良好的店面形象、優雅的購物環境、優質的銷售服務水準、質優價廉的商品等途徑提升店鋪的「內在美」；二是透過廣告宣傳、促銷活動等有效行銷手段提升店鋪的「外在美」。只要內外兼修，協調這兩條腿走路，就能有效提升店鋪對顧客的吸引力，增加來店購物的顧客人數。增加顧客人數的途徑見表 8-27。

2. 增加顧客購買量

　　據調查，70%的消費者其購買決策是在進店鋪後作出的，也就是說取決於銷售現場的各種偶然因素。因此，要想增加顧客的購買量，關鍵是要掌握顧客的購買心理，洞察和滿足顧客的潛在需求。增加顧客購買量的有效途徑見表 8-28。

表 8-28　增加顧客購買量的有效途徑

序號	增加顧客購買量的途徑	說明
1	關聯陳列	將不同種類但是有互補作用的商品陳列在一起，運用商品之間的互補性，使顧客在購買 A 商品的同時順便也會購買旁邊的 B 或 C 商品。例如在雞翅旁邊陳列炸雞調料，在陳列刮鬍刀架旁擺放剃須泡沫等
2	組合包裝	將同類商品或相近的商品先包裝成一個個小單位，再把多個小包裝單位組合成一個人包裝單位，這樣可以增強商品的貨架衝擊力，便於顧客成件購買，有利於擴大商品銷售，例如根據不同的節日、不同的人群，組合不同的禮品包裝，再透過堆頭陳列以吸引顧客購買

續表

3	大客戶關係維護	對於那些購買量大、消費頻次高，對店鋪的整體利潤貢獻較大的大客戶，要提供個性化的優質服務，這對提升客單價有相當大的幫助
4	會員制管理	會員制管理目前有幾種形式，一是現金折扣和積分送禮型，二是無折扣有積分送禮型，三是有折扣無積分型。其中方案一對顧客的吸引力最大。據不完全統計，持會員卡的消費者客單價要高於平均客單價的 50%以上
5	POP 的運用	簡潔醒目、一目了然、視覺衝擊力強的 POP 能有效向顧客傳遞賣場的促銷資訊，如特價、買贈、抽獎、服務資訊等。調查表明，POP 資訊發佈較好能提升 15%以上的銷售
6	延長客動線	讓顧客在賣場內停留時間延長，增加購物機會。客動線設計原則就是盡可能讓每位顧客都能到達賣場的重點區域。例如把促銷活動的領獎處設到店鋪最裏面的死角處
7	附加銷售	在顧客確認購買第一件商品後，導購應根據對顧客潛在需求的準確判斷，抓住時機，巧妙地利用各種建議，向顧客進行二次銷售，以提高客單價。例如，顧客購買了一件上衣，導購可以推薦其再購買一條相襯的褲子

3. 提高商品毛利率

表 8-29　提高商品毛利率的途徑

序號	提高商品毛利率的途徑	說明
1	引進高毛利的適銷對路的品種	尋找適銷對路的商品，爭取率先引進顧客需要而毛利率較高的商品
2	好位置儘量陳列高毛利商品	在相同條件下，毛利率高的商品應陳列在較好位置，這樣更容易吸引顧客的目光，方便顧客選購
3	靈活的價格體系	根據各門店不同的消費環境和競爭條件，採取靈活的價格體系。賺取應得的毛利。一般可採用品類管理高低價策略，把顧客目標性品類定低價，而常規性和其他品類定高價的策略
4	適當調整各部門的毛利率和銷售構成	· 提高高毛利率商品部門的構成比例 · 降低低毛利率部門的構成比例 · 提升高銷售構成比例部門的毛利率 · 若有構成比例相同的部門，應發展高毛利率的商品
5	為商品增加附加價值	透過提供新一代商品、商品升級、改進包裝、品牌文化等方式來增加商品的附加價值，創造優良的銷售業績，相應提高毛利收入
6	提供額外的配套服務	如果商品的毛利有限，則可以透過提供額外服務的方式來提高商品的毛利。例如在銷售室內裝飾材料時，店鋪可以提供特別優惠，讓顧客可以得到來自室內設計師的專業指導，憑藉「為您服務、為您而設的室內專業設計師」的概念，既為顧客提供了便利，又提高了相關商品的毛利

提高商品毛利率的關鍵，就是要平衡高毛利商品和暢銷商品的關係，能夠用暢銷商品帶動高毛利商品的銷售，在同等暢銷的情況下主推高毛利的商品，在不影響暢銷商品銷售的情況下主推高毛利商品。提高商品毛利率的途徑見表 8-29。

4.提高顧客的重覆購買率

調查顯示：開發新顧客的成本是維持老顧客成本的 6 倍；多次光顧的顧客比初次登門的顧客可為企業多帶來 20%～85%的利潤。由此可見，留住老顧客，最大限度地促使現有的老顧客重覆在你的店鋪購物，使之成為店鋪的終生客戶具有極其重要的意義。

表 8-30　提高顧客重覆購買率的途徑

序號	提高顧客重覆購買率的途徑	說明
1	建立顧客檔案，與顧客保持聯繫	保持與老顧客的聯繫和溝通，適時關懷老顧客，例如在顧客生日時寄上一張生日賀卡，或者當舉辦促銷活動、有新商品問世、有配套商品上市或對某些商品進行特價處理時，及時通知顧客
2	促使顧客養成定期購買的習慣	對於顧客極有可能連續使用的商品，要在顧客第一次購買後的三週內，最少和顧客接觸三次以上，憑藉超乎顧客期待的個人服務，促使顧客養成定期購買的習慣

續表

序號	提高顧客重覆購買率的途徑	說明
3	贈送印花	贈送印花可以促使顧客多次購買，滿足部份顧客收集樂趣的心理。例如，顧客每購物 10 元，即可獲得 1 枚印花，收集一定數量可兌換禮品
4	贈送有期限的優待券	對於初次購物的顧客，贈送具有期限的優待券可以促使其在短期內再次購買，如果顧客光顧店鋪三次以上後，就會對店鋪產生眷顧之情，容易養成經常到店鋪購物的習慣
55	贈送積分券	當顧客消費達到一定金額後，就可以得到商店贈送的積分券，當積分券積累到規定的數量時，就可以兌換免費的或優惠價的商品。 積分券可以促使顧客長期、穩定地在某一商店購物，或長期、穩定地購買某一品牌的商品。還能刺激顧客加大購物金額或提高購物頻率
6	及時、妥善處理顧客的投訴和抱怨	調查顯示顧客投訴後能夠迅速有效得到解決的，其中 82%的顧客願意繼續在這家店鋪消費，因此那些投訴的顧客往往是忠誠度很高的顧客，妥善有效地處理顧客投訴，能有效地為店鋪贏得顧客的重覆購買率

二十二、實體店要營造賣場形象

良好的商店形象不是自然形成的。它是零售商精心設計的產物，並且經過多年的貫徹，得到消費者的承認才形成的。

商店樹立起良好形象不是一朝一夕之功，在這方面要多下功夫，努力樹立起商店的形象，增強顧客的信任與支持。

為了吸引顧客，商店必須樹立一個良好的形象。

顧客是零售商賴以生存和發展的基礎。在當今買方市場的條件下，顧客對在那家商店購買商品，實現需求，擁有自由的權力。商店形象如同一隻無形的手，把顧客招集而來，推之而去。良好的商店形象，會把顧客聚集店中而生意興隆；而不好的商店形象，則會使顧客拒而遠之，門庭冷落，難以維持經營。

在現實中，形象好的零售商競爭能力都很強。零售市場的競爭，是零售商之間在市場中通過各種活動相互爭奪購買者。而購買者願意到那家購買是非強制的，取決於零售商的吸引力。好的商店形象會產生對顧客強烈的吸引力，得到更多的消費者惠顧。

作為資源，商店形象與零售商的其他資源一樣，經過投入會帶來一定量的收益。不同的是商店形象作為無形資源，它帶來的收益是難以估算的。儘管現今有了對名牌的價格估算，但對店牌估價尚屬未見。商店形象的資源效應是它對顧客的吸引力，交易範圍的擴展，建立分號而省去的創業投入以及時間等的價值量，往往給零售商帶來意想不到的效果。

　　商店樹立起良好形象不是一朝一夕之功，在這方面要多下功夫，努力樹立起商店的形象，增強顧客的信任與支持。

　　全聚德店導入 CI 計劃，從事企業特許經營主要是依賴總部的聲譽和經營管理技術來進行的。爲了提高企業的整體形象，擴大企業聲譽，全聚德集團全面導入 CI 策劃，制定了集團宗旨、發展目標、經營方針和行爲規範，並設計出全聚德商標、標徽、卡通形象、標準字、標準色和標準廣告用語等，並以規範的組合方式使用於連鎖經營企業的商品、服務、廣告、印刷品、辦公用品、名片、建築物、交通工具、服裝等。經過一段時間的實施，全聚德終於樹立了獨具特色、統一的企業形象，爲特許經營打下了一定基礎。

　　儘管全聚德在社會享有盛譽，如果沒有量化分析，也會給特許權的轉讓和特許費的確定帶來困難。集團公司委托評估公司對「全聚德」牌號進行了無形資產的評估，確定該集團擁有的「全聚德」牌號 1994 年 1 月 1 日的社會品牌資產值爲 2.6946 億元。

　　實行標準化管理，是連鎖經營的重要特徵。集團公司對全聚德傳統烤鴨和烹飪技術以及管理模式進行了高度提煉和總結，並上升到數據化、科學化、標準化，制定了質量標準、服務規範、操作規程、製作技術、食品配方等，在此基礎上正式推出了《全聚德特許經營管理手冊》（以下簡稱《手冊》）。《手冊》是全聚德特許經營管理的基本文件，明確規定了全聚德特許連鎖企業要達到質量標準統一、服務規範統一、企業標識統一、建築裝飾風格統一、餐具用具統一、員工著裝統一的「六

統一」規範標準。《手冊》也是對使用全聚德商標的加盟店進行管理、檢查、督導、考核的依據。推出《手冊》之後，公司即向所有連鎖店進行了貫徹落實工作，並依據《手冊》規定的內容實施全面管理。

二十三、營造熱鬧氣氛的陳列銷售方法

每逢年終歲末，日本東京上野區的大街小巷，總會擠滿人潮，採購應景的年貨，氣氛相當熱絡，為數百萬的群眾喧嘩無比，吆喝之聲此起彼落，一片沸騰。此間不論店鋪規模大小，商人個個忙裏忙外，出入補貨，儼然已和商場的顧客打成一片。

這種熱鬧非凡的景象，不由得使人聯想到台灣、香港各地春節前搶辦年貨的情形。一般來說，簇集的人群前往購物，正是做生意的老闆們夢寐以求的，因為只有顧客不斷湧進，才是生意興隆最有利的保證，進而才可以大賺錢。

開店的地點選擇非常重要，若非位於鬧區或市中區，生意必然冷冷清清，以致無利可圖。因此，每家店鋪的老闆莫不處心積慮，想盡各種方法使店面門庭若市，店內高朋滿座。

在台灣地區，每逢週日和節慶、年假，台灣各地的遊樂區、風景名勝和廟宇地，總會出現大批的人群，顯得特別擁擠和熱鬧。至於鄰近的餐廳、旅館，自然也會連帶受到好處，獲得更多的利潤。

位於日本神奈川縣的鶴岡八幡宮，建築宏偉，遠近馳名，每年前往膜拜的香客為數相當可觀，尤其逢重要的節日更是人

滿為患。而鄰近的「麥當勞分店」，會拜絡繹的人群，締造該店世界連鎖經營的最高業績。

這個特別的記錄是產生於某年元旦當天，該店的一天營業額高達六、七萬元左右，光是販賣出去的漢堡數量就相當可觀。然而就業者本身的能力來說，創造佳績的最大意義，應該在於如何以充裕的人力、物力為顧客服務。

就一般的店鋪而言，假如顧客太多，無法提供服務，最後只好掛出「今日售罄，明日請早」的告示牌，致上無限的歉意。

不過若因顧客過多，而店裏卻無商品可賣，在不得已的情況之下，掛出「打烊」的牌子，損失一次原本可能大賺一筆的機會。為了彌補業者的缺憾，達到高出預算的業績，不妨事先做好週全的準備，等待大批的顧客上門。

另外還有一種最令業者痛心的是，即使店鋪面前人潮始終不絕，但是店內卻是冷冷清清，形成強烈的對比，很多業者因而怨聲載道。

所以，如何才能使店面前的人群，轉而走入店裏，造成搶購的熱潮，應是業者經營店鋪的重要關鍵。日本仙台的中元節慶為東北三大祭典之一，每年總有數以萬計的人群從各地湧入，造成當地難得的熱鬧景象，不過令人奇怪的是，附近店鋪的營業額卻一直無法攀升，不能締造更多的利潤。

因為這些店鋪前面堆積如山的商品，往往給人一種滯銷貨物的感覺，連帶無法引起顧客的購買慾，甚至不屑一顧。

藉由節慶招來的聚集人群，有些確實達到業者趁機牟利的理想，有些依然默默經營，並無太多的利潤可得，其中原委有

待進一步的探究。

日本本州東北方有一家著名的化妝品公司，每逢節慶期間都會舉行特賣活動，其中還有一項特別的服務，是讓所有的女性顧客自由試用各式各樣的化妝品，直到滿意才購買下。

該店所提供的試用品，並非一般的樣品，而是正式的商品。同時店裏還有幾座化妝台，以及專業人員一旁講解，為顧客們提供完善的服務。有時現場也會舉辦相關的美容講習會，招請專家蒞臨指導，接到郵寄廣告的小姐們以及前往參觀的好奇者，就會按時前往赴會，擠得店面水洩不通，非常熱鬧。

還有一家鐘錶店為了推銷年輕人所戴的潛水錶，逐於店面前特意舉辦了一項表演，這個表演是把一支具有防水性能的潛水錶，結結實實的放在冰塊裏，然後宣稱若有人能在五分鐘內，把冰融化取出手錶，就以該錶相贈。此語一出，當然立刻招來圍觀的人群，其中不乏能者之士，彼此較量一番，爭取廠商所提供的贈品。

據說這家鐘錶店營業額也因此大幅攀升，銷售數量也提高到目標的兩倍左右，成績相當可觀。

另外，日本一家「Y運動器材店」，由於地緣特殊，每年總有一次盛大的拜拜活動，因而吸引四倍於平日的人群前來參觀，該店為了爭取顧客上門，逐於節慶期間盛大舉行拍賣大會，推銷各種新型的產品，同時附贈精緻小巧的紀念品。

至於有些店鋪的地點雖然位於都市的鬧區，然而生意卻是未盡人意，令人百思不解。有一家店鋪決定大幅改善業績不振的劣勢，想出招攬顧客的方式。這家店鋪的場地非常之大，深

達四丈左右，為了吸引顧客走入店內，逐於店內設置幾座抽獎機和電動遊樂器，而使店前走動、逛街的人潮，趨步而入，連帶掀起店裏熱鬧的氣氛，順便選購店裏的商品。

總而言之，招攬顧客的方式非常之多，只要善用巧思，便不難想出吸引人潮的絕招，此外，業者也不能一味滿足於現況，應該隨時打聽市場的動態。

又如日本關西地方的某家服裝公司，每逢重要的節日時，就會重新佈置櫥窗，同時舉辦時髦好看的服裝發表會，由於活動固定而頻繁，當地人們早已耳熟能詳，視為盛事而前往捧場，如此便能吸引大批的顧客。

二十四、客戶入店的瞬間印象良好

世界上有許許多多的商店，其中有顧客絡繹不絕的商店，使顧客滿意容易進出的商店，也有顧客離開後決定不再光臨的商店等，你的商店屬於那一型？

當顧客進入商店的瞬間，感受到的印象與氣氛，即決定了其對商店的印象。注意顧客第一印象，商店的「良好氣氛=良好印象」，而此第一印象必須建立在顧客對商店所認知的「感情印象」之上。自認為很好，卻不知顧客的看法如何，若缺乏客觀的檢討，則無法真正貫徹「顧客至上」的服務。

招待、表情、儀容、言詞與態度是提供良好印象的五大要素，這些要素的彼此關係是依「乘法模式」表示，即招待、表情、儀容、言詞都完美無缺，但若態度不好，是零點，則彼此

相乘的結果則為零分。

正確掌握提供良好印象的五大要素,以作為讓顧客覺得「感覺真好!」的先決條件。

從顧客進入商店至離開之前,有許多提供良好印象的注意事項:

1.準備

以「顧客的觀點」檢核賣場、儀表等一切是否週全?準備完成迎接顧客的態勢。

以「顧客的觀點」含有兩種意義,一種是以顧客的心情;另一種則以顧客站立的位置,確認「是否為清潔漂亮的商店」。

一天最少以顧客身分檢核三次——例如燈泡斷線、商店內是否有紙箱等商品以外的東西,包裝台上是否零亂等。整齊清潔的維持,不論是何行業,都是銷售的關鍵。

2.發現並迎接顧客

首先建立動感的商店,當顧客發現銷售人員靜默站立著注視自己時,則需要有足夠的勇氣才敢進入店內,故應建立顧客容易進入的空間。

先下手為強的招待和回音式的發聲,為迎接顧客時不可或缺的要素。明朗活潑的商店是顧客希望進入的商店,若入店的第一印象不清爽,則將留下厭惡的形象。據說,動物初生首次睜開眼睛觀看外界,即能辦認自己的雙親,這種現象稱為刻印現象,故以刻印現象對待顧客極為重要。

大聲明朗爽快地說「歡迎光臨」,表現感謝的心情。

以清晰明朗的聲音傳達,就是對工作伙伴的一種「顧客來

了，準備好了嗎？」的意圖。一人的發聲持續逐次以回音式方法招待，就可使商店產生活潑的氣氛，若店員的耳語多、沒有應對顧客意識、延遲發現顧客等，都是使顧客感到寂寞的因素。

3.應對

爽快的語言能留給顧客良好印象，並帶來安全感；故最好的回答就是「是的」。

若遇到店員本身不知的事，要以「是的，我請店長來確認」之對應，即使顧客認為無奈亦不會產生不快感。此外，活潑地回答「謝謝您！」亦能表現對顧客感謝的喜悅。

明確表達意思，不僅活用在銷售現場，更是提供好印象的要素。

4.等待

迅速地應對，不使顧客等待。但若「善用等待」，亦是使顧客產生好感的要素，例如以「請稍候」和微笑等加以應對。

若等待的時間稍長，則店員應瞭解等待者心情的變化，以二分十秒為原則（是指人類默默無語等待超過二分二十秒時，則其情緒將由不安──焦急──發怒這些變化），否則有很大的差距。故等待時間長時必須事先告知狀況，並且不要吝惜地說「對不起，久等了，是否能再稍候五分鐘」，有禮貌的對應。

5.交貨

良好的感受表現在購物後，銷售商品的瞬間即轉身與鄰近銷售人員交談，將使以往滿分的應對變成零分。售後的餘音、說聲「謝謝您」直到最後都應注視著顧客；離店時全體店員同聲說「謝謝光臨」，這種商店必使顧客喜歡再來，故銷售活動從

最初至最後，都不能疏忽任何細節。

6.瞭解顧客的心聲

「謙虛」是培育人才或企業最重要的態度，故為排除「不謙虛」，應經常保持傾聽顧客心聲的姿態。某些企業靈活應用「加油卡片」，於現場階段積極地每日傾聽顧客的心聲。公司一年應有兩次，在這期間努力尋求顧客的「建議」，若只在店面放置問卷調查卡，即無法真正地瞭解顧客的意思。

你的商店是否瞭解顧客，並率先提供服務、親切的招待顧客渡過快樂的時光呢？

7.活潑愉快的銷售工作

感受良好的重點，多數是最大的銷售力，亦即現場第一線活潑快樂的銷售工作。

笑容是最大的服務，若不自然勉強地裝出笑容，則會立即傳達給顧客；衷心快樂的從事銷售工作，其技術自然會學好。

每個人發揮100%的能力，再互助合作以正確的團隊精神，邁向「全國最快樂購物的商店」之目標。

使顧客能快樂舒適的商店，對在此工作的人員也是良好的商店。

二十五、店鋪陳列的改善對策

店鋪陳列容易出現的問題如下：

①門頭的色彩與形象不夠統一

②門頭燈光暗淡，內部燈光過亮或過暗，射燈燈光沒有照

射在模特或者衣服上

　③櫥窗背景與品牌形象不匹配

　④店鋪動線設計不合理，留不住顧客

　⑤模特的擺放位置不夠協調，層次感不夠強，沒有突出展示主題的系列組合效果

　⑥貨場佈局凌亂，沒有按照系列、色彩、功能進行分類，收銀處的桌面比較亂，破壞品牌形象，欠缺終端店鋪運營管理規範體系，區域色彩陳列結構不合理（沒有主題，排列不規範、不合理）

- 區域風格陳列結構混亂（風格不統一）
- 陳列色彩混亂
- 正掛陳列展示的件數、款式、內外搭配不合理
- 側掛陳列展示的尺碼、件數、前後搭配、上下搭配不規範、不統一
- 櫥窗陳列及模特的陳列展示結構不合理、無主題
- 層板陳列的結構不合理（疊件不規範，沒有飾品配置）
- 流水台陳列設置結構混亂
- 飾品區域的陳列設置混亂
- 形象牆的陳列沒有突出形象系列的主題
- 層板的陳列與道具的展示目的不明確

店鋪陳列日常維護檢查項目如表 8-31 所示。

表 8-31　店鋪陳列日常維護檢查表

類別	檢核項目	情況記錄	改進建議
POP	POP配置對應於相關貨品陳列		
	POP足量且已規範使用		
	店內無殘損或過季POP		
櫥窗	櫥窗內無過多零散道具堆砌		
	同一櫥窗內不使用不同種模特		
	展示面視感均勻且各自設有焦點		
貨品展示	貨架上無過多不合理空檔		
	按系列、品種、性別、色系、尺碼依次設定整場貨品展示序列		
	出樣貨品包裝須全部拆封		
	貨架形態完好且容量完整		
	產品均已重覆對比出樣		
	疊裝紐位、襟位對齊且邊線對齊		
	掛裝紐、鏈、帶就位且配襯齊整		
貨品展示	同型款服裝不使用不同種衣架		
	衣架朝向依據「問號原則」		
	整場貨品自外向內由淺色至深色		
	服飾展示體現色彩漸變和對比		
	獨立貨架間距不小於1.2米並無明顯盲區		
	由內場向外場貨架依次增高		
	店場光度充足且無明顯暗角		
	店場無殘損光源/燈箱，音響設備正常運作		
	照明無明顯光斑、炫目和高溫		
	折價促銷以獨立單元陳列展示且有明確標識		
	展示面內的道具、櫥窗、POP、燈箱整潔明淨		

二十六、有計劃的促銷活動

　　零售業的商品促銷活動要有計劃，有目的地進行；公司應設置促銷計劃部的機構，其主要任務之一就是制定商品促銷計劃，制定年度、季、月的促銷計劃。

　　促銷計劃的具體內容包括：促銷活動的次數、時間，促銷活動的主題內容，促銷活動的供應商和商品的選定、維護與落實，促銷活動的進場時間、組織與落實，促銷活動期間的協調，以及促銷活動的評估等，必須提前做計劃。

　　1 促銷計劃是商品採購計劃的一部份。促銷（計劃）部，作為公司採購部的一個下屬職能機構，其作用相當重要。因為，商品採購計劃當中銷售額任務的 1/2 是由它來完成的。因而，在商品採購合約中，在促銷保證這一部份，要讓供應商作出促銷承諾，要落實促銷期間供應商的義務及配合等相關事宜。

　　2 商品促銷活動是一種必須提前較長的有計劃的活動。通常，促銷部要提前一年做好商品促銷計劃。一般情況下，公司在每年 11 月份與供應商進行採購業務談判，簽定下一年的合約。而採購業務談判是按照商品採購計劃、商品促銷計劃和供應商文件來進行的。所以，在 10 月份以前，即提前一年，公司就應做好下一年度的商品促銷計劃。

　　在做促銷計劃時，以超市企業而言，需要注意以下兩點：

　　①促銷計劃可以由粗到細，但是一定要制定架構。

　　②按照不同的超級市場業態模式，確定不同的促銷活動次

數和間隔時間。

就超市公司而言，應該要求其主力商品的供應商每個月做一次促銷活動。例如，某超市公司有 1200 個主力商品，1200/12 得 100 種商品，100/4 就能算出每週有 25 種主力商品，這個數目完全夠做一次商品促銷活動。

3 要求大供應商提供下一年度的新產品開發計劃和產品促銷計劃。實際上，公司的商品促銷，是供應商促銷活動的一種有機組合。先請供應商做好商品促銷計劃，在此基礎上，商店再進行組合。

凡是新產品或是第二年要重新訂合約的商品，公司都應該讓供應商拿出促銷計劃。然而，如果公司有 100～200 家供應商商品同類或者缺乏主力商品，那麼公司就很難做到這一點。所以，千萬要切記：

儘量不與沒有促銷計劃的供應商做生意；做第二年計劃時，要讓供應商，特別是品牌和大供應商提供其所供應的各種品種商品的整體促銷計劃。

4 按季節和節慶假日，編制促銷項目計劃。不同的季節和節慶假日，顧客的需求和購買行為會有很大的改變，一個良好的促銷計劃應與之相配合。

不同的季節應選擇不同的促銷項目，例如，夏季應以飲料、啤酒、果汁等涼性商品為重點；冬季則需以火鍋、熱食等暖性商品為重點。而重要的節慶假日是促銷的最好時機，如果善於規劃，便能掌握商機，爭取績效。

5 在採購合約的促銷保證部份，應要求供應商在收到公司

促銷活動通知之後，保證提前 1～2 個月作出具體的促銷配合事項的條款。例如，在合約上寫清楚，供應商每個月都要做一次促銷活動。

二十七、重視客戶才會產生利潤

「顧客就是上帝」，這是許多商家都明白的道理。然而，如何將顧客真正當做上帝來看待，却不是每個商家都能够真正領悟其中的奧妙的。

保護「上帝」的利益，就是要求零售業真正樹立「以顧客爲中心」的經營理念，實現從傳統的「以商品爲中心」的經營思想向新型的「以顧客爲中心」的經營思想的轉變，其實質就是要求零售業把自己的興衰存亡置於消費者的主宰之下，帶領自己的企業圍繞消費者的需求而動，讓消費者引導市場，成爲市場的主人。

如果零售業只是將消費者當作贏利的對象，根本不顧及消費者的利益，讓消費者對你產生懷疑，那麼很明顯，最終的受害者將是零售業自身。

舉個簡單的例子，假如你是個消費者，你和家人在星期天去某家商場購物。這時，商場正在搞促銷，規定只要顧客購物滿 200 元就可以返回 60 元的購物券。於是你和家人進去參觀選購。

可是，當你交款並領到一張購物券之後，再將選好的其他商品帶到交款台前時，這時服務員告訴你，你的購物券只能在

指定的商品中選購，這時你一定會覺得這是商場在戲弄你，從而會產生一種上當受騙的感覺。當你下一次遇到類似的促銷時，也許再也不會動心了。

任何企業的經營活動當然要同政府、社會打交道；但是，從更深的層次來看，決定產品價值及生命的是消費者。試想一下，如果沒有消費者，產品又如何銷售出去？如果離開了消費者，產品也就不是真正的商品，企業就沒有辦法獲得相應的利潤。

根據市場營銷學的權威理論，零售業在進行促銷時，以顧客為中心，保護「上帝」的利益，是由以下因素決定的：

對於零售企業及其他任何企業來說，顧客就是企業的「衣食父母」，是企業的真正利潤來源。誰否認這一點，或違背這一規律，誰就會在市場競爭中遭遇失敗，根本無從獲利。

在法國化妝業領域具有舉足輕重地位的企業家義夫·羅歌爾，有非常成功的舉措。據統計，羅歌爾擁有 800 萬忠實的女性顧客，在他分布於世界各地的 900 多家化妝品商店中，經營著 400 多種化妝和美容產品，每年的利潤以億計算。

羅歌爾的這些成功，就是來自於他的「創造顧客」的經營思想。羅歌爾每年都要向他的顧客投寄 8000 多萬封信件，在每封信件中都有他自己的照片和親筆簽名。也許有人會認為這只不過是一般商業往來信件，如果這樣理解那就大錯特錯了。事實上，這些信件就如同寫給自己的親密朋友一樣，內容十分親切，使收到信件的人看了都會覺得是自己的老朋友寄來的信，而會大受感動。

　　在這些信件中，羅歇爾會像老朋友似的給自己的顧客提出一些中肯的建議，例如「有節制的生活比化妝更重要」、「美容霜並不是萬能的」等等，從這些信裏面絕對看不出有任何推銷化妝品的意思。

　　透過這種堅持不懈的努力，羅歇爾建立起了一大批忠誠的女性顧客。現在，羅歇爾的電腦裏已經儲存了幾千萬封各種各樣的來信，而且建立了 1000 多萬名女顧客的檔案。每當有顧客生日來臨的時候，羅歇爾便會親自爲她寄出新產品的樣品和祝賀卡片，向顧客表示祝賀。

　　這種一心爲顧客著想、維護顧客利益的優質服務，爲羅歇爾換來了豐碩的成果。他每天接受郵購而發出的郵包，就多達數萬件，而且這一數字還在日益增加。

　　在一般情況下，人們總認爲購買化妝品和美容品必須請教美容師，但是羅歇爾却從中得到啓示，認爲女性顧客之所以要請教美容師，是因爲她們渴望得到真正的美容指導。於是，羅歇爾便以自己多年來的從業經驗和切身體會，寫了一本《美容大全》。

　　這本書出版之後，立即受到女性顧客的歡迎，羅歇爾本人也很快成爲廣大女性顧客心目中的「美容導師」，一時間他的名聲大振，甚至還有許多慕名的女顧客給他寄來支票，要求羅歇爾爲自己進行美容指導，並替她們購買適合自己的化妝品和美容品。

　　正是通過這種不斷努力「創造顧客」的經營思想，使羅歇爾贏得了大量的女性顧客的歡迎，一旦他們成爲羅歇爾的顧客

之後，就很少有人會離開他，而是成爲羅歇爾的忠實顧客。

　　促使客戶考慮再次購買某種產品、服務或品牌，或使其再次光顧某家企業、商店或網站的所有感受或心態的統稱。一直以來，客戶忠誠度都是促成企業經營成功和盈利的關鍵因素。

　　客戶忠誠度取決於三大要素：關係牢固度、(客戶自我)選擇暗示和關鍵事件。可能對客戶忠誠度構成負面影響的因素主要包括：客戶搬離服務區域、客戶不再需要該類產品或服務、出現其他更加合適的供應商可供選擇、關鍵事件處置不當等。

　　打造並提升客戶忠誠度是忠誠度行銷的一大核心目標，是企業在實現及超越其商業目標的過程中，爲提高客戶和其他投資者的忠誠度而採取的一種戰略手段。忠誠度行銷的基本假設是保持現有客戶所需的花費要低於贏得新客戶所需的成本。「客戶忠誠度」提高與收益率增加有著直接的聯繫。

　　另外，很重要的一點是，無論是屬於企業與客戶間的範圍還是企業與企業間的範圍，行銷部門都應儘量劃定出各個客戶或企業類別的收益率。並非所有客戶都會帶來利潤，試圖保持無從獲利的客戶或合作夥伴的忠誠度，就商業意義而言是行不通的，通過分析營業額與客戶關係成本便能證明這一點。因此，最理想的做法是終止這些無利可圖的關係。圖 8-5 所示是客戶忠誠的不同層次。

圖 8-5　客戶忠誠層次劃分

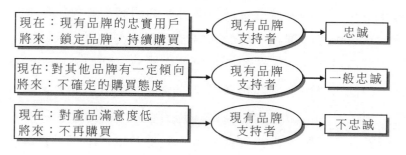

圖 8-6　客戶忠誠度分類圖

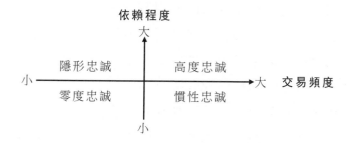

二十八、顧客檔案的管理診斷

　　很多店鋪在經營過程中對顧客的管理很不到位，在交易完成後並沒有對顧客的資料進行整理、歸類，作為日後回訪建立良好關係的依據。店鋪的銷售人員單純地認為交易結束後就不會再與顧客有交集，也就不需要對顧客的資料進行整理，更談不上管理了。

　　顧客檔案的管理可以為店鋪的售後服務提供顧客資料，良

好的顧客資料管理可以幫助銷售人員瞭解顧客的基本情況，購買偏好等等，銷售人員還可以根據資料的記載去聯繫維繫老顧客，因為老顧客的維護不僅能夠增加他們二次購買的機會，同時還可以透過增加老客戶的品牌忠誠度而為店鋪帶來更多的新客戶，因此可以說，店鋪經營目標的實現一部份是靠老顧客的行為。

　　店鋪在管理顧客的檔案資料時，只是簡單地記錄了顧客的基本情況，並沒有深入地去瞭解有關顧客性格和習慣的東西，這樣就不能夠為銷售人員提供有針對性的信息，導致銷售人員在後期的工作中無法得知顧客的心理需求是什麼樣，也就無法提供令顧客感興趣的服務，那樣就不能很順利地使顧客有第二次購買的衝動，也就無法加強顧客的忠誠度，更重要的是無法使店鋪形象在其心裏有一個比較深刻的印象。

　　很多店鋪的顧客檔案管理工作模式還處於初級階段，更多的是應用手工製作的模式。隨著科技的進步，店鋪的管理應該進入科技辦公時代，但是很多店鋪的管理並沒有借助現代工具，例如電腦、Internet 等工具。對於手工記載的檔案，可能因為種種原因，隨著時間的推移，會出現保存不完整或是遺失的現象發生，對日後的查找工作會造成不便；對於連鎖經營的店鋪來說，如果沒有借助相關的聯網手段，那麼就不能及時實現資源的共用，這樣不僅降低了資源的使用效率，同時也可能會失去很多的銷售機會。

　　很多店鋪的經營者會認為，自己的店鋪規模小，知名度不高，根本不需要建立顧客檔案，這對於他們來說是浪費精力和

時間的一項工作，因為在他們看來對於顧客的回訪是大品牌店鋪才會有的工作，對於規模小的店鋪根本不需要。所以，在經營過程中，很少有第二次購買的顧客出現，而他們也沒有認識到維繫老顧客的重要性以及老顧客能夠為他們帶來的商機。

　　很多大的品牌對於顧客資料的管理是非常重視的，他們甚至會安排專門人員進行顧客資料的管理，從收集到隨時更新內容都做得非常專業和完善。當店鋪增加新的產品或是新的服務時，他們會第一時間通知原有顧客，其實這就是使顧客二次消費的機會，而且在顧客生日等重要日期的時候，他們還會適時地送出生日祝福和生日禮物，其實很細小的事情就加深了顧客對於店鋪的忠誠度和滿意度，因此這也是為什麼大品牌與老顧客關係很好的原因之一，他們正是認識到了維繫老顧客的價值和作用。實踐也證明，他們的做法得到了很大的收益。

　　顧客檔案的管理對於店鋪來講，是創造銷售機會的依據。但是有的店鋪雖然做了這樣的工作，但是只停留在膚淺階段，內容上並沒有挖掘深層次的東西。

　　顧客檔案管理經常出現的問題：

- 店鋪沒有檔案管理的意識，沒有健全的檔案管理制度
- 有顧客檔案但是如同廢紙，根本不加利用
- 顧客信息登記不全，字跡潦草，無法參考數據對顧客進行維護
- 顧客管理沒有按照等級進行分類

　　顧客檔案建立的目的就是要保留顧客的重要資料，以便為日後的銷售服務打好基礎，因此顧客檔案的相關信息要全面，

不能遺漏。

二十九、陳列就是打造「會說話」的產品

　　商品陳列的最終目的就是銷售,當把商品擺進店面時,你便會希望通過商品陳列幫助門店儘快把商品賣給消費者。

　　商品的陳列管理在門店經營十分重要。陳列是店鋪無言的促銷師。「好的陳列和差的陳列,對銷售額的影響至少在 100%以上」,高明的產品陳列,不僅提升了產品的附加值,更能吸引消費者的眼球,激發其購物欲望。

　　世界著名的連鎖便利公司 7-11 店鋪內的商品一般為 3000多種。店鋪營業面積一般為 100 平方米,每天的客流量有 1000多人,每 3 天就要更換 15～18 種商品,商品的陳列管理在門店內衣經營中的地位顯得十分重要。

　　服裝行業的內衣店陳列,一件內衣掛在店鋪的不同地點,會產生不同的效果,從而產生不同的銷售額;一件內衣單獨陳列和與其他產品組成漂亮的組合搭配,產生的也是兩種不同的效果。顧客總是喜歡光顧那些漂亮而富有吸引力的店鋪,總是被模特身上或重點陳列區域的一組組產品所吸引。有時候只是個細微的變化,但對於終端銷售起到的作用卻很大。

　　應該遵循怎樣的陳列原則,打造「會說話」的產品?

　　懂得修飾的女孩會吸引人的目光,良好的商品陳列同樣能夠使門店富有魅力,吸引眾多顧客的目光。變化商品陳列是門店能夠取得良好的銷售業績的途徑之一,它會為門店的日常經

營帶來活力。檢查一項商品陳列成功與否的唯一標準是商品的銷售業績。由此也可以看出商品陳列的重要性。

我們也應當看到自己的門店對於商品陳列的管理還有哪些不足。一些門店經營者知道一些基本的商品陳列方法，如：商品的突出陳列、關聯陳列、比較性陳列、隨機性陳列等。但是這些陳列方法的運用是變化的，就如同商業的發展一樣，一直在隨著社會和人們生活水準的發展而在不斷變化。例如，以前比較性陳列是將相同商品依照不同的規格或不同的數量予以分類，然後陳列在一起，供顧客選擇。很多門店將不同品牌的相同或相似的商品陳列在一起，從而引起供應商之間的價格競爭和促銷競爭，商家可以坐享漁翁之利，同時又把門店的銷售帶入了良性的競爭狀態。

商品陳列的最終目的就是銷售，當把商品擺進店面時，你便會希望通過商品陳列幫助門店儘快把商品賣給消費者。

三十、商店銷售員要培養親和力

世界級知名心靈導師卡耐基曾說過：「一個人的親和力往往決定著其在人們心中的第一印象，而這種印象一旦形成就會很難被改變。」

在門店銷售中，產品門店銷售人員的親和力很大程度會影響自己與顧客的成交情況。可以說，產品銷售者的親和力首先來自顧客對其個人形象的第一印象。個人形象既包括身材、長相的外形特徵，還包括儀態風度以及言談，產品門店銷售人員

良好的外部形象與得體的表情姿態,會給顧客留下良好的印象,會塑造一種和藹的親和力,這也有利於下一步推銷工作的進行。

提高自己的親和力、善於用自己的親和力來贏得顧客的信任,進而促使成交的成功,是一名優秀的銷售人員所應具備的一種能力。

銷售大師喬·吉拉德就是使用這種親和力法則而使自己成為頂尖的汽車銷售員,賺取了大量的財富。他的方法表面上看起來好像很傻而且挺費錢,每個月他都給至少13000個老主顧寄去一張問候卡片,而且每個月的問候卡片內容都在變化。但是問候卡片正面列印的資訊卻從未變過,那就是「我喜歡你」。「我喜歡你」這四個字每個月都印在卡片上送給13000個顧客。或許有人會懷疑這種方法的有效性,但是喬·吉拉德已經用他的業績證明了這一點:被他人歡迎、具有親和力的推銷員,才能成為推銷高手。

銷售員所從事的工作是與人打交道的工作,特別是要經常與陌生人打交道。從心理學上來講,人們都有本能的防衛心理。同時,當前社會上對銷售員的工作還存在許多誤解和偏見,因此使得店員在一些人的眼中成為「不受歡迎的人」。這就需要銷售人員具備一定的親和力,這樣才能留給顧客良好的印象,進而打開銷售的突破口。

總之,門店銷售人員要善於親近顧客,與顧客建立良好的關係。無論你推銷什麼產品,都不要忘記先推銷自己,要善於培養自己的親和力,與他人熱情相處,贏得顧客的心。

　　當前，無論是產品、價格、服務還是其他要素，門店銷售趨勢已經從讓「顧客滿意」走向讓「顧客感動」。因為「顧客滿意」的尺度誰都可以制定，並嚴厲督導執行，而「顧客感動」既無尺度也無法監視，但是也正因如此，才促成了「非常銷售」。所以，銷售人員只有不斷地營造感動氣氛，才能攀緣頂峰，門店才能成為競爭中的領跑者。

　　你做到了顧客能想到的，顧客會滿意；你做到了顧客沒想到的，顧客會感動。

　　門店銷售的區別並不僅僅在於產品本身，最大的成功取決於所提供的服務品質。

　　從長遠看，那些不提供服務或服務差的門店銷售註定前景暗淡。他們必將飽受挫折與失望之苦，他們中的很多人不可避免地會為了養家糊口而從早到晚四處奔忙。就是這些門店銷售人員忽視了打牢基礎的重要性，他們發現自己每年都像剛出道的新手一樣疲於奔命、備受冷遇。所以，對顧客提供最好的、全力以赴的售後服務並不是可有可無的選擇，相反，這是門店銷售人員要生存下去的至關重要的選擇。

三十一、讓顧客享受人性化服務

　　所謂人性化服務就是要「以人為本」，要以滿足人的需要、實現人的價值、追求人的發展為趨向，以充滿人文關懷、體現美與和諧的形式開展 VIP 顧客的服務。

　　在店鋪內設立洗手區、專門開闢出一塊空間設計成兒童休

息區，如今，店鋪的服務愈發細化，讓消費者感覺到在店鋪不僅僅是購物，還能跟家人享受到人性化的服務，得到了不少消費者的肯定。

很多大型店鋪已經開始在公共區域或店鋪內擺放飲水設備和一次性飲水杯，並用標牌提示顧客可以放心飲用。一位在店鋪購物的顧客稱，店鋪內有了飲水設備後，方便了很多，起碼小孩子在店鋪內飲水的問題解決了，不用再為不能帶水進店鋪而彆扭。他還發現，店鋪生鮮食品櫃檯旁有了洗手區。

與此同時，塘沽區一家店鋪還在店鋪內專門開闢出了一個兒童休息區，舒適的小坐椅、地墊、適合的顏色裝扮出了一個兒童專區，供小朋友在店鋪內休息，博得了很多經常帶小孩逛店鋪顧客的歡心。一位消費者稱，週末到店鋪採購一般都是帶著 4 歲大的女兒，由於小孩子沒有耐性，很容易在購物過程中鬧小脾氣，而在店鋪內有專門的兒童休息區後，女兒累了就可以帶她在專區內休息或是玩耍，少了很多麻煩。

對此，塘沽區一店鋪負責人稱，設立飲水區、兒童休息區等服務工作的增加，是店鋪方面逐漸細化服務工作的表現。而在店鋪業競爭愈發激烈的情況下，能讓顧客在購物的時候更加舒適、方便則成為店鋪贏得顧客的一個重要手段。

賣場是商品買賣場所，所以商品的銷售環節無疑是其運作成功與否的關鍵。如果說停車場、服務台、衛生間、購物班車這些是店鋪服務的附屬環節，會對提升銷售起到一定的作用，那麼導購員、店鋪環境、食品衛生、收銀台等環節則是店鋪服務的重中之重。經走訪多家店鋪發現，相比於附屬環節，商家

對這些能夠直接影響銷售額的主要環節顯然更為重視。但實際上，他們還可以做得更好。

我們需要做的是儘快設立人性化服務標準，使店鋪通過細節化、人性化的服務來增強競爭力，搶市場先機。為 VIP 顧客設置人性化的「門檻」是一種「多贏」，多設有益！

三十二、用微笑迎接顧客

微笑的門店銷售人員最易受到顧客的歡迎，而發自內心的微笑才是最動人的，因此，門店銷售人員應該用最愉快的心情、最燦爛的笑容去迎接顧客，用自己的好心情去感染顧客。

好的開始是成功的一半。顧客走進門店後，最先接收到的第一個信號就是你的微笑。很多時候，顧客還沒有聽到你的聲音，就會遠遠地看到你微笑的面容，並很快對你做出初步的判斷。這就是「未聞其聲，先見其容」的效應。

迷人的微笑展示的是愉快、自信、友善、熱情、禮貌。對於門店銷售人員來說，微笑可以營造令顧客愉快的購物環境，可以創造使產品增值的服務氣氛；尤其對在服務一線的門店銷售人員來講，微笑則是向顧客傳遞關懷的最佳方式，也是化解問題的利器。

有熱情才能有積極性，沒熱情只能產生惰性，惰性會使你落伍。業績不佳難免要被「炒魷魚」。這也是職業生涯中的一條規律。由此看來，你能不能與別人競爭，關鍵在於你的心理素質和內心動力，也就是靠堅持不懈的工作熱忱。

同樣是銷售，有熱情和沒有熱情，差別是相當大的。前者使你變得有活力，工作得有聲有色，創造出許多輝煌的業績；而後者，使你變得懶散，對工作漠然處之，當然就不會有什麼發明創造，潛在能力也無處發揮。你不關心別人，別人也不會關心你；你自己垂頭喪氣，別人自然對你喪失信心；你成為這個職業群體裏可有可無的人，也就等於取消了自己繼續從事這份工作的資格。可見，培養職業熱情，是對賺錢和成功至關重要的事情。

三十三、連鎖店的店鋪管理

統計數據顯示：屈臣氏單個店鋪一週的平均交易次數超過6000次，顧客在店鋪的平均停留時間在 25～30 分鐘之間。當你站在屈臣氏門口時，往往會發現一個奇怪的現象：從屈臣氏店鋪早晨開門營業開始，顧客便一個又一個陸續走進店鋪，卻很少發現顧客立刻出來，不一會兒，屈臣氏的店鋪就擠滿了顧客，顧客手中提著購物籃，慢慢地逛著……

如果說屈臣氏在國際上已經擁有了一定的地位以及影響力，那麼店鋪管理無疑是屈臣氏所有成功之處的最直接體現。

「包括店鋪經營在內的零售業將逐漸成為 21 世紀最賺錢的行業之一。」而從店鋪管理方面來講，並不是所有的店鋪在經營管理方面像屈臣氏那樣成功，例如，店員素質偏低，經營管理隨意性大，規範化水準低，不能提高店鋪對市場的適應力；經營分散，未形成規模效應，不能有效地控制成本和提高競爭

力；競爭意識、危機意識、服務意識偏低，沒有建立完善的物流和信息系統，業態功能不完善等，都是比較常見和比較突出的症狀。

所以，當現在各行各業的競爭都已進入白熱化的階段，並最終體現在零售終端市場的競爭上的時候，我們已經無法逃避，必須面對市場的挑戰和機遇。不過，這樣的環境也必然會給店鋪的從業人員、經營管理和決策者帶來疑問：「如何提升自己的專業技能和管理水準？」

屈臣氏的店鋪管理精髓主要包括：顧客服務、陳列標準、促銷管理、員工管理、標準管理、氣氛佈置等，分別從對「物」的管理，也就是從「硬體管理」入手，管理店鋪中的形象設置、商品陳列和促銷推薦等；從對「人」的管理，即店面管理中的「軟體部份」入手，管理店鋪中如何有效把握顧客的需求和員工的需求；最終，透過對「事」的有效管理，從而達到店鋪的實際作業管理流程與執行標準。

而屈臣氏透過店鋪管理的標準化，不僅將消費者「想要」的商品陳列在顯眼的區域或位置來吸引消費者走進店鋪並且在店鋪裏不斷地「逛」和「找」來增加消費者的購買概率；同時，將消費者「必要」的商品陳列在店鋪的非明顯的區域或位置來引導消費者更深入地走進店鋪。

圖 8-7　屈臣氏店鋪管理流程與執行標準

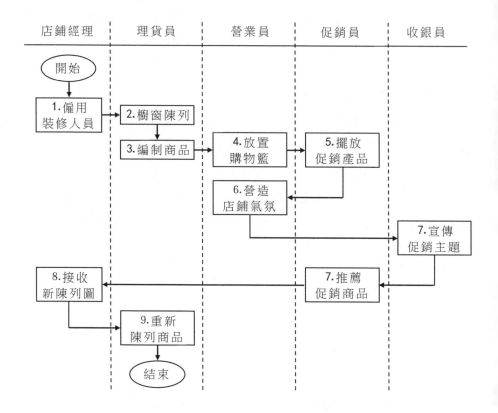

（1）當店鋪經理收到可以開張營業的通知後，即可僱用合適的裝修人員對店鋪的門面、燈光、貨架高度等進行裝修，但必須做到，即使顧客站在門口位置，也能清晰無疑地從門外看到店內，甚至可以察覺到主要的推廣主題，從而吸引客人進入店內選購產品。

（2）屈臣氏的任何一家店鋪都會圍繞店鋪設置櫥窗，所以當店鋪基本裝修完畢之後，理貨員便開始櫥窗陳列工作，不但要

求應一致陳列相同的宣傳主題，即當前促銷的主題宣傳牌，而且櫥窗內陳列的商品要求正反兩面陳列，標示鮮明的價格牌，讓客人可以容易觸摸到商品。

(3)為更方便顧客進行購買，保證顧客可以輕易地從店內識別商品擺放位置，理貨員還要對商品進行編制，包括貨架編號，架頭架尾、頂架、正常架位、價格標籤、三色條分類、缺貨標示、宣傳貼紙等。除此之外，理貨員還必須用各種顏色的色條來區分各個部門，例如黃色代表歡樂，主要用於玩具、飾品、食品等部門商品；藍色代表健康，主要用於藥方、嬰兒用品、衛生用品、口腔護理用品等部門；紫色代表美態，主要用於護膚品類商品。

(4)營業員必須在門口位置或者方便客人獲取的地方放置購物籃，不僅要求購物籃的手柄必須保持在同一個方向，而且要求購物籃的高度必須保持在客人不用彎身的情況下，甚至還嚴格規定購物籃的數量必須保持在 10～15 個，絕對不能超過也不能低於這個數目。

(5)促銷手段一直是屈臣氏提升業績的一把利劍，所以對於促銷商品，除了在一些固定貨架上陳列外，屈臣氏還要求促銷人員將促銷商品盡可能地放在一些小推頭架上，用層板隔層支撐，在頂端的魚眼座上放置顯眼的大價格牌，並要求嚴格按照促銷主題，將同一推廣主題的貨物放在一起。例如，化妝品作為主要大類應陳列於各店鋪前部；藥房及日用品作為「目標購物」商品，可陳列於各店鋪的後部；食品總是陳列於收銀台旁邊；嬰兒用品陳列於藥品和日用品之間或者鄰近兩者之一；雜

樣商品則主要陳列於臨近主通道或者收銀台的地方。

(6)促銷員陳列好所有的促銷商品後,營業員還要著重營造店鋪的購物氣氛,通道應寬敞整齊,貨架的頂端應擺放充足的貨量,並擺放宣傳牌與價格牌,同時還應時刻保持商品陳列的新鮮感。

(7)由於付款處通常是顧客最後停留的地方,往往也是抓住顧客最後消費的地方,所以屈臣氏在每一個收銀台旁邊都設置了一個凹口,方便給顧客放置購物籃。同時,屈臣氏還要求收銀員在顧客付款處必須讓每一個顧客能夠看見清晰及強烈的宣傳主題,並在週圍放置一些糖果、香口膠、電池等輕便商品,關鍵是屈臣氏要求每一個收銀員在顧客付款時都必須向顧客進行促銷主題的宣傳。

(8)屈臣氏的店鋪佈局每隔一段時間就會更新一次,每當店鋪經理收到總部的行政部以週刊的形式發出的陳列圖更新的通知時,必須嚴格按照總部制定的陳列圖標準及管理辦法來執行。

(9)如果需要更換的所有新商品已經到鋪,理貨員必須根據陳列圖列印新的物價標籤,並把貨架重新陳列。

表 8-32　屈臣氏店鋪陳列標準——正常貨架陳列標準

貨架的圖示及名稱	陳列標準
直身貨架	①按照陳列圖來進行陳列 ②陳列樽裝、灌裝、盒裝及重身貨物等，如日用品、保健品 ③貨架跟貨品之間留一定的空間，方便顧客拿取貨品 ④貨架第一層的貨品，儘量不要高於貨架頂部
斜身貨架	①按照陳列圖來進行陳列 ②陳列體積小及輕巧、小包裝等貨品。適用於糖果、藥品及一些飾物層架陳列 ③斜架有好多的陳列效果，清晰、吸引、整齊，可減低貨架存量 ④斜身貨架貨品前面應該加有擋板，防止貨品滑落 ⑤貨品要把貨架玻璃完全覆蓋
掛網貨架	按照陳列圖進行陳列
地台膠箱	①按照陳列圖進行陳列 ②地台膠箱顯示價錢的方法是，在膠箱的右側插有L形架 ③L形架的左邊放9cm×9cm特價牌，右邊放物價標籤

表 8-33　屈臣氏店鋪陳列標準——非正常貨架陳列標準

陳列的圖示及名稱	陳列標準
堆頭（單支座）	①可擺放兩個堆頭，一般陳列於指定貨架旁 ②每個堆頭只能擺放同一品牌同一價錢的貨品，每一層貨品要品種齊全 ③保持商品在同一高度，僅在魚眼牌下 ④可從任何方面看到商品的正面 ⑤貨品的顏色垂直間色 ⑥將列印好的堆頭牌，面對貨品方向插進魚眼座
超級堆頭	①座板長一米，最長放兩種貨品，陳列季節性貨銷量大的貨品，第一層貨品要品種齊全 ②保持商品在同一高度，僅在魚眼牌下 ③可從任何方面看到商品的正面 ④貨品的顏色垂直間色 ⑤將列印好的堆頭牌，面對貨品方向插進魚眼座
網架堆頭	①用於陳列不容易擺放貨架的飾品，例如手提包 ②網架堆頭只能擺放同一品牌同一價錢的貨品，第一層貨品要品種齊全 ③陳列商品以顏色垂直間隔 ④商品陳列要面向顧客 ⑤將列印好的堆頭牌，面對貨品方向插入魚眼座

續表

膠箱堆頭	①一個膠箱堆頭只能陳列兩種商品 ②將列印好的堆頭牌，面對貨品方向插進魚眼座 ③上面的貨品用堆頭牌顯示價錢，下面的貨品用9cm價格牌顯示價錢
貨架頂架 （熱賣 焦點）	①陳列同一系列主推貨品，可擺放多款貨品 ②當擺放多種貨品時，貨品應佔滿貨架，並用9cm價格牌顯示價格，插在每種貨品的中間位置 ③必須插上相應主題的色條
促銷架	①按照店鋪每次促銷的陳列指示或者當班安排陳列商品 ②只有同類型產品才可放在同一個促銷架上，並且產品必須是滿架量 ③一般是體積細小的產品放在促銷架的高幾層，體積較大放在下幾層次 ④每層促銷架需插相應主題的色條 ⑤每種貨品需有物價標籤顯示的價格 ⑥每種商品都必須使用9cm價格牌，插在商品的中間位置
促銷膠箱	①促銷膠箱以組為單位陳列，分三層共九個膠箱為一組，一般陳列在貨架終端 ②促銷膠箱按照店鋪每次促銷的陳列指示或者店當班安排陳列，在同一組促銷膠箱內應以部門集中擺放，同主題或同部門放在一起 ③一個膠箱裏必須擺放同一品牌同一價格的貨品 ④膠箱內的貨品不用放得太滿（約佔膠箱的3/4，不得少於1/2），若貨品數量不足，可以用包裝紙包好的紙箱墊在膠箱底部，貨品放在上面 ⑤膠箱底部的貨品需整齊間色擺放，表明營造淩亂美，並且貨品的正面要面對客人 ⑥堆頭牌插在U形架內，並用螺絲固定位置

續表

牆身架	①底層與頂層保持固定的距離：底層距離地面1540mm；頂層從上面距離第六個孔開始；中間兩層貨架因貨品的多少而調換或拿走，背板相應調換，固定背板 ②陳列同一種或兩種或同一系列的貨品，陳列有吸引力及體積較大的貨品，貨品必須垂直擺放陳列 ③牆身架共三層，迷你堆頭牌用U形架固定在頂部第一層的貨品中間位置 ④由上向下數，最下一層架需插相應主題的色條 ⑤有大畫板的店鋪，大畫板下面的兩米架應放一至兩種貨品，並用L形架固定迷你堆頭牌，放在貨架的左邊，如果兩米架放同一種貨品，需一米架一個迷你堆頭牌，放在貨架的左邊
島櫃	①放置小件的化妝品或者日用品 ②每格放置不同的貨品，貨量以滿格為準 ③價格牌應用L形架在色條處
側網	①側網高度不能高於架頂 ②第一行掛鈎應掛在側網有上面順數下來第四行上 ③每種貨品需有物價標籤和特價牌 ④商品種類垂直擺放 ⑤貨量應適中，不能半滿也不能太滿
四面屏風	①用於陳列獨家新品或者出租給供應商做某商品的展示 ②用於陳列獨家新品時，在頂部有機玻璃陳列「獨家新品」堆頭牌 ③在貨架上陳列「獨家新品」短條 ④在「新」和「獨家優惠」貨品貼上相應的彈跳牌 ⑤四面屏風同一使用「獨家新品」系列POP陳列

續表

供應商 陳列架	①供應商陳列架只能陳列該供應商的商品 ②每種貨品需有物價標籤和特價牌 ③貨品的陳列按照市場部相關的指示擺放 ④瞭解店鋪的分佈圖，合理放置供應商陳列架 ⑤注意供應商陳列架擺放的時間
雜誌架	擺放在相應貨品的貨架附近以便客人取閱
掛鏈	①適合陳列體積大件及重量較輕便的商品 ②商品顏色垂直間色，正面面向客人 ③價格牌應該放在掛連正上方，字跡清晰 ④不能露出掛鏈 ⑤掛鏈陳列的時間
冰箱	①冰箱應放在合適的位置上，並擺上季節性商品 ②冰箱裏面只能放置屈臣氏公司出產的水及飲料 ③時刻保持冰箱裏面有充足的貨量 ④在相應的商品前面，也要貼上物價標籤
雨傘架	①雨傘的陳列亦要間色 ②在下雨天時應把雨傘架放在門口位置 ③用正確的物件標籤和POP牌
大圖畫下 面的陳列	以不超過大圖畫板為宜

企業的核心競爭力，就在這里！

圖 書 出 版 目 錄

憲業企管顧問（集團）公司為企業界提供診斷、輔導、培訓等專項工作。下列圖書是由臺灣的憲業企管顧問(集團)公司所出版，自 1993 年秉持專業立場，特別注重實務應用，50 餘位顧問師為企業界提供最專業的經營管理類圖書。

選購企管書，敬請認明品牌 ：憲 業 企 管 公 司 。

1.傳播書香社會，直接向本出版社購買，一律 9 折優惠，郵遞費用由本公司負擔。服務電話(02) 27622241 (03) 9310960 傳真 (03) 9310961

2.付款方式：請將書款轉帳到我公司下列的銀行帳戶。

・銀行名稱：合作金庫銀行（敦南分行） 帳號：5034-717-347447
公司名稱：憲業企管顧問有限公司

・郵局劃撥號碼：18410591 郵局劃撥戶名：憲業企管顧問公司

3.圖書出版資料每週隨時更新，請見網站 www.bookstore99.com

經營顧問叢書

編號	書名	價格
25	王永慶的經營管理	360 元
52	堅持一定成功	360 元
56	對準目標	360 元
60	寶潔品牌操作手冊	360 元
78	財務經理手冊	360 元
79	財務診斷技巧	360 元
91	汽車販賣技巧大公開	360 元
97	企業收款管理	360 元
100	幹部決定執行力	360 元
122	熱愛工作	360 元
129	邁克爾・波特的戰略智慧	360 元
130	如何制定企業經營戰略	360 元
135	成敗關鍵的談判技巧	360 元
137	生產部門、行銷部門績效考核手冊	360 元
139	行銷機能診斷	360 元
140	企業如何節流	360 元
141	責任	360 元
142	企業接棒人	360 元
144	企業的外包操作管理	360 元
146	主管階層績效考核手冊	360 元
147	六步打造績效考核體系	360 元
149	展覽會行銷技巧	360 元
150	企業流程管理技巧	360 元
152	向西點軍校學管理	360 元

154	領導你的成功團隊	360 元	236	客戶管理操作實務〈增訂二版〉	360 元
163	只為成功找方法，不為失敗找藉口	360 元	237	總經理如何領導成功團隊	360 元
			238	總經理如何熟悉財務控制	360 元
167	網路商店管理手冊	360 元	239	總經理如何靈活調動資金	360 元
168	生氣不如爭氣	360 元	240	有趣的生活經濟學	360 元
170	模仿就能成功	350 元	241	業務員經營轄區市場（增訂二版）	360 元
176	每天進步一點點	350 元			
181	速度是贏利關鍵	360 元	242	搜索引擎行銷	360 元
183	如何識別人才	360 元	243	如何推動利潤中心制度（增訂二版）	360 元
184	找方法解決問題	360 元			
185	不景氣時期，如何降低成本	360 元	244	經營智慧	360 元
186	營業管理疑難雜症與對策	360 元	245	企業危機應對實戰技巧	360 元
187	廠商掌握零售賣場的竅門	360 元	246	行銷總監工作指引	360 元
188	推銷之神傳世技巧	360 元	247	行銷總監實戰案例	360 元
189	企業經營案例解析	360 元	248	企業戰略執行手冊	360 元
191	豐田汽車管理模式	360 元	249	大客戶搖錢樹	360 元
192	企業執行力（技巧篇）	360 元	252	營業管理實務（增訂二版）	360 元
193	領導魅力	360 元	253	銷售部門績效考核量化指標	360 元
198	銷售說服技巧	360 元	254	員工招聘操作手冊	360 元
199	促銷工具疑難雜症與對策	360 元	256	有效溝通技巧	360 元
200	如何推動目標管理（第三版）	390 元	258	如何處理員工離職問題	360 元
201	網路行銷技巧	360 元	259	提高工作效率	360 元
204	客戶服務部工作流程	360 元	261	員工招聘性向測試方法	360 元
206	如何鞏固客戶（增訂二版）	360 元	262	解決問題	360 元
208	經濟大崩潰	360 元	263	微利時代制勝法寶	360 元
215	行銷計劃書的撰寫與執行	360 元	264	如何拿到 VC（風險投資）的錢	360 元
216	內部控制實務與案例	360 元			
217	透視財務分析內幕	360 元	267	促銷管理實務〈增訂五版〉	360 元
219	總經理如何管理公司	360 元	268	顧客情報管理技巧	360 元
222	確保新產品銷售成功	360 元	270	低調才是大智慧	360 元
223	品牌成功關鍵步驟	360 元	272	主管必備的授權技巧	360 元
224	客戶服務部門績效量化指標	360 元	275	主管如何激勵部屬	360 元
226	商業網站成功密碼	360 元	276	輕鬆擁有幽默口才	360 元
228	經營分析	360 元	278	面試主考官工作實務	360 元
229	產品經理手冊	360 元	279	總經理重點工作（增訂二版）	360 元
230	診斷改善你的企業	360 元	282	如何提高市場佔有率（增訂二版）	360 元
232	電子郵件成功技巧	360 元			
234	銷售通路管理實務〈增訂二版〉	360 元	284	時間管理手冊	360 元
			285	人事經理操作手冊（增訂二版）	360 元
235	求職面試一定成功	360 元			

286	贏得競爭優勢的模仿戰略	360 元		328	如何撰寫商業計畫書（增訂二版）	420 元
287	電話推銷培訓教材（增訂三版）	360 元		329	利潤中心制度運作技巧	420 元
288	贏在細節管理（增訂二版）	360 元		330	企業要注重現金流	420 元
289	企業識別系統 CIS（增訂二版）	360 元		331	經銷商管理實務	450 元
291	財務查帳技巧（增訂二版）	360 元		332	內部控制規範手冊（增訂二版）	420 元
295	哈佛領導力課程	360 元		334	各部門年度計劃工作（增訂三版）	420 元
296	如何診斷企業財務狀況	360 元				
297	營業部轄區管理規範工具書	360 元		335	人力資源部官司案件大公開	420 元
298	售後服務手冊	360 元		336	高效率的會議技巧	420 元
299	業績倍增的銷售技巧	400 元		337	企業經營計劃〈增訂三版〉	420 元
300	行政部流程規範化管理（增訂二版）	400 元		338	商業簡報技巧（增訂二版）	420 元
				339	企業診斷實務	450 元
302	行銷部流程規範化管理（增訂二版）	400 元		340	總務部門重點工作（增訂四版）	450 元
304	生產部流程規範化管理（增訂二版）	400 元		341	從招聘到離職	450 元
				342	職位說明書撰寫實務	450 元
307	招聘作業規範手冊	420 元		343	財務部流程規範化管理（增訂三版）	450 元
308	喬·吉拉德銷售智慧	400 元				
309	商品鋪貨規範工具書	400 元		344	營業管理手冊	450 元
310	企業併購案例精華（增訂二版）	420 元		345	推銷技巧實務	450 元
				346	部門主管的管理技巧	450 元
311	客戶抱怨手冊	400 元		347	如何督導營業部門人員	450 元
314	客戶拒絕就是銷售成功的開始	400 元		348	人力資源部流程規範化管理（增訂五版）	450 元
315	如何選人、育人、用人、留人、辭人	400 元		349	企業組織架構改善實務	450 元
				350	績效考核手冊(增訂三版)	450 元
316	危機管理案例精華	400 元		《商店叢書》		
317	節約的都是利潤	400 元		18	店員推銷技巧	360 元
318	企業盈利模式	400 元		30	特許連鎖業經營技巧	360 元
319	應收帳款的管理與催收	420 元		35	商店標準操作流程	360 元
320	總經理手冊	420 元		36	商店導購口才專業培訓	360 元
321	新產品銷售一定成功	420 元		37	速食店操作手冊〈增訂二版〉	360 元
322	銷售獎勵辦法	420 元		38	網路商店創業手冊〈增訂二版〉	360 元
323	財務主管工作手冊	420 元				
324	降低人力成本	420 元		40	商店診斷實務	360 元
325	企業如何制度化	420 元		41	店鋪商品管理手冊	360 元
326	終端零售店管理手冊	420 元		42	店員操作手冊（增訂三版）	360 元
327	客戶管理應用技巧	420 元		45	向肯德基學習連鎖經營〈增訂二版〉	360 元

47	賣場如何經營會員制俱樂部	360 元
48	賣場銷量神奇交叉分析	360 元
49	商場促銷法寶	360 元
53	餐飲業工作規範	360 元
54	有效的店員銷售技巧	360 元
56	開一家穩賺不賠的網路商店	360 元
58	商鋪業績提升技巧	360 元
59	店員工作規範（增訂二版）	400 元
61	架設強大的連鎖總部	400 元
62	餐飲業經營技巧	400 元
65	連鎖店督導師手冊（增訂二版）	420 元
67	店長數據化管理技巧	420 元
69	連鎖業商品開發與物流配送	420 元
70	連鎖業加盟招商與培訓作法	420 元
71	金牌店員內部培訓手冊	420 元
72	如何撰寫連鎖業營運手冊〈增訂三版〉	420 元
73	店長操作手冊（增訂七版）	420 元
74	連鎖企業如何取得投資公司注入資金	420 元
75	特許連鎖業加盟合約（增訂二版）	420 元
76	實體商店如何提昇業績	420 元
77	連鎖店操作手冊(增訂六版)	420 元
78	快速架設連鎖加盟帝國	450 元
79	連鎖業開店複製流程（增訂二版）	450 元
80	開店創業手冊〈增訂五版〉	450 元
81	餐飲業如何提昇業績	450 元
82	賣場管理督導手冊（增訂三版）	450 元
83	商店診斷授課講堂	450 元

《工廠叢書》

15	工廠設備維護手冊	380 元
16	品管圈活動指南	380 元
17	品管圈推動實務	380 元
20	如何推動提案制度	380 元
24	六西格瑪管理手冊	380 元
30	生產績效診斷與評估	380 元
32	如何藉助 IE 提升業績	380 元

46	降低生產成本	380 元
47	物流配送績效管理	380 元
51	透視流程改善技巧	380 元
55	企業標準化的創建與推動	380 元
56	精細化生產管理	380 元
57	品質管制手法〈增訂二版〉	380 元
58	如何改善生產績效〈增訂二版〉	380 元
68	打造一流的生產作業廠區	380 元
70	如何控制不良品〈增訂二版〉	380 元
71	全面消除生產浪費	380 元
72	現場工程改善應用手冊	380 元
77	確保新產品開發成功（增訂四版）	380 元
79	6S 管理運作技巧	380 元
85	採購管理工作細則〈增訂二版〉	380 元
88	豐田現場管理技巧	380 元
89	生產現場管理實戰案例〈增訂三版〉	380 元
92	生產主管操作手冊(增訂五版)	420 元
93	機器設備維護管理工具書	420 元
94	如何解決工廠問題	420 元
96	生產訂單運作方式與變更管理	420 元
97	商品管理流程控制(增訂四版)	420 元
102	生產主管工作技巧	420 元
103	工廠管理標準作業流程〈增訂三版〉	420 元
105	生產計劃的規劃與執行(增訂二版)	420 元
107	如何推動 5S 管理（增訂六版）	420 元
108	物料管理控制實務〈增訂三版〉	420 元
111	品管部操作規範	420 元
113	企業如何實施目視管理	420 元
114	如何診斷企業生產狀況	420 元
117	部門績效考核的量化管理（增訂八版）	450 元
118	採購管理實務〈增訂九版〉	450 元
119	售後服務規範工具書	450 元

120	生產管理改善案例	450 元
121	採購談判與議價技巧〈增訂五版〉	450 元
122	如何管理倉庫〈增訂十一版〉	450 元
123	供應商管理手冊（增訂二版）	450 元

《培訓叢書》

12	培訓師的演講技巧	360 元
15	戶外培訓活動實施技巧	360 元
21	培訓部門經理操作手冊（增訂三版）	360 元
23	培訓部門流程規範化管理	360 元
24	領導技巧培訓遊戲	360 元
26	提升服務品質培訓遊戲	360 元
27	執行能力培訓遊戲	360 元
28	企業如何培訓內部講師	360 元
31	激勵員工培訓遊戲	420 元
32	企業培訓活動的破冰遊戲（增訂二版）	420 元
33	解決問題能力培訓遊戲	420 元
34	情商管理培訓遊戲	420 元
36	銷售部門培訓遊戲綜合本	420 元
37	溝通能力培訓遊戲	420 元
38	如何建立內部培訓體系	420 元
39	團隊合作培訓遊戲（增訂四版）	420 元
40	培訓師手冊（增訂六版）	420 元
41	企業培訓遊戲大全(增訂五版)	450 元

《傳銷叢書》

4	傳銷致富	360 元
5	傳銷培訓課程	360 元
10	頂尖傳銷術	360 元
12	現在輪到你成功	350 元
13	鑽石傳銷商培訓手冊	350 元
14	傳銷皇帝的激勵技巧	360 元
15	傳銷皇帝的溝通技巧	360 元
19	傳銷分享會運作範例	360 元
20	傳銷成功技巧（增訂五版）	400 元
21	傳銷領袖（增訂二版）	400 元
22	傳銷話術	400 元
24	如何傳銷邀約（增訂二版）	450 元
25	傳銷精英	450 元

為方便讀者選購，本公司將一部分上述圖書又加以專門分類如下：

《主管叢書》

1	部門主管手冊（增訂五版）	360 元
2	總經理手冊	420 元
4	生產主管操作手冊（增訂五版）	420 元
5	店長操作手冊（增訂七版）	420 元
6	財務經理手冊	360 元
7	人事經理操作手冊	360 元
8	行銷總監工作指引	360 元
9	行銷總監實戰案例	360 元

《總經理叢書》

1	總經理如何管理公司	360 元
2	總經理如何領導成功團隊	360 元
3	總經理如何熟悉財務控制	360 元
4	總經理如何靈活調動資金	360 元
5	總經理手冊	420 元

《人事管理叢書》

1	人事經理操作手冊	360 元
2	從招聘到離職	450 元
3	員工招聘性向測試方法	360 元
5	總務部門重點工作（增訂四版）	450 元
6	如何識別人才	360 元
7	如何處理員工離職問題	360 元
8	人力資源部流程規範化管理（增訂五版）	420 元
9	面試主考官工作實務	360 元
10	主管如何激勵部屬	360 元
11	主管必備的授權技巧	360 元
12	部門主管手冊（增訂五版）	360 元

在海外出差的………
台灣上班族

愈來愈多的台灣上班族，到大陸工作（或出差），對工作的努力與敬業，是台灣上班族的核心競爭力；一個明顯的例子，返台休假期間，台灣上班族都會抽空再買書，設法充實自身專業能力。

[憲業企管顧問公司]以專業立場，為企業界提供最專業的各種經營管理類圖書。

85%的台灣上班族都曾經有過購買（或閱讀）[憲業企管顧問公司]所出版的各種企管圖書。

尤其是在競爭激烈或經濟不景氣時，更要加強投資在自己的專業能力，建議你：

工作之餘要多看書，加強競爭力。

建立企業圖書館

當市場競爭激烈時：

培訓員工，強化員工競爭力
是企業最佳對策

「人才」是企業最大的財富。如何提升人才，是企業永續經營、戰勝對手的核心競爭力。積極培訓公司內部員工，是經濟不景氣時期的最佳戰略，而最快速的具體作法，就是「**建立企業內部圖書館，鼓勵員工多閱讀、多進修專業書籍**」

建議您：請一次購足本公司所出版各種經營管理類圖書，作為貴公司內部員工培訓圖書。 使用率高的（例如「贏在細節管理」），準備 3 本；使用率低的（例如「工廠設備維護手冊」），只買 1 本。

給總經理的話

總經理公事繁忙，還要設法擠出時間，赴外上課進修學習，努力不懈，力爭上游。

總經理拚命充電，但是員工呢？

公司的執行仍然要靠員工，為什麼不要讓員工一起進修學習呢？

買幾本好書，交待員工一起讀書，或是買好書送給員工當禮品。簡單、立刻可行，多好的事！

商店叢書 ⑧③   售價：450 元

商店診斷授課講堂

西元二〇二四年十二月   初版一刷

編輯指導：黃憲仁

編著：劉志峰（武漢）　黃憲仁（臺北）　林宇青（深圳）

策劃：麥可國際出版有限公司（新加坡）

編輯：蕭玲

校對：劉飛娟

發行人：黃憲仁

發行所：憲業企管顧問有限公司

電話：（02）2762-2241　　（03）9310960　　0930872873

電子郵件聯絡信箱：huang2838@yahoo.com.tw

銀行 ATM 轉帳：合作金庫銀行　　帳號：5034-717-347447

郵政劃撥：18410591　　憲業企管顧問有限公司

江祖平律師顧問：紙品書、數位書著作權與版權均歸本公司所有

登記證：行政業新聞局版台業字第 6380 號

本公司徵求海外版權出版代理商（0930872873）

本圖書是由憲業企管顧問（集團）公司所出版，以專業立場，為企業界提供最專業的各種經營管理類圖書。

圖書編號 ISBN：978-986-369-122-8